计算机等级考试指导丛书

大学计算机三级考试指导（网络及安全技术）

黄林国　主　编

刘辰基　李聪辉　副主编

電子工業出版社

Publishing House of Electronics Industry

北京 • BEIJING

内容简介

本书是与“计算机网络基础”课程配套的计算机三级（网络及安全技术）考试应试指导书，书中包含大量新的全真试题及解答，读者可借助本书，顺利通过计算机三级考试。本书严格按照计算机三级（网络及安全技术）考试大纲的要求来编写，内容主要包括网络技术基础、局域网基础、Internet 基础、Internet 应用、网络安全基础、密码技术、网络攻击与防范、网络安全技术应用等方面的知识点和全真试题，帮助读者进一步理解和巩固相关内容。

本书可作为高等院校计算机三级考试的参考书，也可作为成人高等教育和各类计算机三级考试培训班的学习参考书。

图书在版编目（CIP）数据

大学计算机三级考试指导：网络及安全技术 / 黄林国主编 . —北京：电子工业出版社，2023.8

ISBN 978-7-121-46143-9

Ⅰ . ①大… Ⅱ . ①黄… Ⅲ . ①计算机网络－安全技术－高等学校－教学参考资料 Ⅳ . ① TP393.08

中国国家版本馆 CIP 数据核字（2023）第 153447 号

责任编辑：杨永毅
印　　刷：三河市君旺印务有限公司
装　　订：三河市君旺印务有限公司
出版发行：电子工业出版社
　　　　　北京市海淀区万寿路 173 信箱　　　邮编 100036
开　　本：787×1 092　1/16　印张：11.5　字数：302 千字
版　　次：2023 年 8 月第 1 版
印　　次：2023 年 8 月第 1 次印刷
印　　数：1500 册　定价：46.00 元

凡所购买电子工业出版社图书有缺损问题，请向购买书店调换。若书店售缺，请与本社发行部联系，联系及邮购电话：（010）88254888，88258888。

质量投诉请发邮件至 zlts@phei.com.cn，盗版侵权举报请发邮件至 dbqq@phei.com.cn。

本书咨询联系方式：（010）88254570，xujj@phei.com.cn。

前　　言

本书是与“计算机网络基础”课程配套的计算机三级（网络及安全技术）考试应试指导书，书中包含大量新的全真试题及解答，读者可借助本书，顺利通过计算机三级考试。本书严格按照计算机三级（网络及安全技术）考试大纲的要求来编写，内容主要包括网络技术基础、局域网基础、Internet 基础、Internet 应用、网络安全基础、密码技术、网络攻击与防范、网络安全技术应用等方面的知识点和全真试题。

本书具有如下特点。

（1）针对浙江省高校计算机三级（网络及安全技术）考试的题型及内容，采用全真试题进行讲解和练习。

（2）在对历年浙江省高校计算机三级（网络及安全技术）考试真题分析、总结、归纳的基础上，概括出每章的考试知识点，以使读者对本章内容更加准确地定位，这些知识点既是对本章内容的总结与提炼，又是对教材内容的补充和完善。

（3）每章附有同步练习，题型有判断题、选择题、综合应用题等，题目量多面广，几乎覆盖全部考点，帮助读者进一步理解和巩固本章内容。

（4）本书知识点全面、采用真题进行练习、严谨实用，非常适合相关考生使用，也可作为高等院校师生的参考书。

本书共 9 章，参加本书编写的都是来自教学第一线、长期从事计算机网络及安全技术教学的教师。

本书由黄林国任主编，刘辰基、李聪辉任副主编，全书由黄林国统稿。参加编写的还有牟维文。

由于时间仓促，以及编者的学识和水平有限，书中难免存在不足之处，敬请广大读者批评指正。

编　者

2023 年 5 月

目录

Contents

第1章 网络技术基础

1.1 知识点

1.1.1 计算机网络的形成与发展

计算机网络的发展可以归纳为4个阶段。

1. 面向终端的计算机网络——以数据通信为主

20世纪50年代，由一台中心计算机通过通信线路连接大量地理上分散的终端，构成面向终端的计算机网络，终端分时访问中心计算机的资源，中心计算机将处理结果返回终端。

2. 面向通信的计算机网络——以资源共享为主

1969年，由美国国防部高级研究计划署（Advanced Research Projects Agency，ARPA）组建的ARPAnet是世界上第一个真正意义上的计算机网络，ARPAnet当时只连接了4台计算机，每台计算机都具有自主处理能力，彼此之间不存在主从关系，相互共享资源。ARPAnet是计算机网络技术发展的一个里程碑。

3. 面向应用的计算机网络——体系标准化

20世纪70年代中期，局域网得到了迅速发展。美国Xerox、DEC和Intel三家公司推出了以CSMA/CD介质访问技术为基础的以太网（Ethernet）产品，其他大公司也纷纷推出自己的产品，如IBM公司推出了系统网络体系结构（System Network Architecture，SNA）产品。但各家公司的网络产品在技术、结构等方面存在很大差异，没有统一的标准，彼此之间不能互连，从而造成了不同网络之间信息传递的障碍。为了统一标准，1984年，国际标准化组织（ISO）制定了一种统一的分层方案——开放系统互连（Open System Interconnection，OSI）

参考模型，将网络体系结构分为7层。

4. 面向未来的计算机网络——以Internet为核心的高速计算机网络

OSI参考模型为计算机网络提供了统一的分层方案，但其实世界上没有任何一个网络是完全按照OSI参考模型组建的。这固然与OSI参考模型的7层分层设计过于复杂有关，更重要的原因是当OSI参考模型提出时，已经有越来越多的网络使用TCP/IP的4层分层模式加入ARPAnet，并使得它的规模不断扩大，最终形成了世界范围的互联网——Internet。所以，Internet就是在ARPAnet的基础上发展起来的，并且一直沿用TCP/IP的4层分层模式。Internet的“大发展”始于20世纪90年代，1993年美国宣布了国家信息基础设施建设计划（NII，信息高速公路计划），促成了Internet爆炸式的飞跃发展，也使得计算机网络进入了高速化的互联阶段。

Internet是覆盖全球的信息基础设施之一，用户可以利用Internet实现全球范围的信息传输、信息查询、电子邮件收发、语音与图像通信服务等功能。ARPAnet与分组交换技术的发展，奠定了Internet的基础。

1991年6月，我国第一条与Internet连接的专线建成，该专线从中国科学院高能物理研究所连接到美国斯坦福大学直线加速器中心。1994年，我国实现采用TCP/IP协议的Internet的功能连接，可以通过四大主干网（中国科技网CSTNET、中国教育和科研计算机网CERNET、中国公用计算机互联网CHINANET、中国金桥信息网CHINAGBN）接入Internet。

1.1.2 计算机网络的定义与分类

1. 计算机网络的定义

计算机网络是将地理上分散且具有独立功能的计算机通过通信设备及传输媒体连接起来，在通信软件的支持下，实现计算机间资源共享、信息交换或协同工作的系统。

计算机网络的功能主要包括以下几方面。

（1）数据通信。利用计算机网络可以实现各地各计算机之间快速可靠的数据传输，进行信息处理。数据通信是计算机网络最基本的功能。

（2）资源共享。“资源”是指网络中所有的硬件、软件和数据资源；“共享”是指网络中的所有用户能够部分或全部地享用这些资源。

（3）分布式处理。计算机网络的组建，使原来一台计算机无法处理的大型任务，可以通过多台计算机共同完成。也可以将一些大型任务分解成多个小型任务，然后由网络上的多台计算机协同工作、分布式处理。

（4）综合信息服务。计算机网络的发展使应用日益多元化，即在一套系统上提供集成的信息服务，包括来自社会、政治、经济等各方面的资源，并且提供多媒体信息，如图像、语音、动画、视频等。在多元化发展的趋势下，许多网络应用形式不断涌现，如电子邮件、电子商务、视频点播、联机会议、微博、微信、短视频等。

2. 计算机网络的分类

计算机网络的分类方式有多种，如可以根据网络的覆盖范围、拓扑结构、应用协议、传输介质、数据交换方式等进行分类。按覆盖范围可以将计算机网络分为局域网、城域网、广域网等；按拓扑结构可以将计算机网络分为星形网、总线型网、环形网、树形网、网状网等；按传播方式可以将计算机网络分为广播式传输网络和点对点式传输网络等。

（1）按覆盖范围分类。

① 局域网（Local Area Network，LAN）：在小范围内将两台或多台计算机连接起来所构成的网络，如网吧、机房等。局域网一般位于一个建筑物或一个单位内，它的特点是连接范围窄、用户数量少、配置容易、传输速率高、可靠性高。局域网的传输速率通常为 100Mbit/s ～ 1000Mbit/s。根据介质访问控制方法可以将局域网分为共享式局域网和交换式局域网。

② 城域网（Metropolitan Area Network，MAN）：介于广域网与局域网之间的一种高速网络，传输距离通常为几千米到几十千米，覆盖范围通常是一座城市。城域网的设计目标是满足多个局域网互联的需求，以实现大量用户之间关于数据、语音、图像与视频等信息的传输。早期的城域网产品主要是光纤分布式数据接口（Fiber Distributed Data Interface，FDDI）。目前的城域网建设方案有以下几个共同点：传输介质采用光纤，交换节点采用基于 IP 交换的高速路由交换机，在体系结构上采用核心层、汇聚层与接入层的 3 层模式。

③ 广域网（Wide Area Network，WAN）：覆盖范围为几十千米到几千千米，甚至全球，可以把众多的局域网连接起来，具有规模大、传输延迟时间长的特点。最广为人知的广域网就是 Internet，虽然它的传输速率相对局域网要低得多，但其优点是非常明显的，即信息量大、传播范围广。因为广域网很复杂，所以其实现技术在所有网络中是最复杂的。根据逻辑功能可以将广域网分为通信子网和资源子网。通信子网采用分组交换技术，利用公用分组交换网、卫星通信网和无线分组交换网实现网络互联；资源子网负责全网的数据处理，为网络用户提供各种网络资源与网络服务，主要包括主机和终端。

（2）按拓扑结构分类。

计算机网络的拓扑结构是计算机网络的几何图形表示，反映网络中各实体间的结构关系。拓扑结构设计是建设计算机网络的第一步，也是实现各种网络协议的基础，它对网络性能、系统可靠性、通信及投资费用等都有重大影响。计算机网络的拓扑结构主要是指通信子网的拓扑结构。

局域网中采用的拓扑结构主要有以下 3 种。

① 星形拓扑结构。在网络中存在一个中心节点控制全网的通信，任何两个节点之间的通信都要经过中心节点。优点：结构简单，扩充性好，端用户设备因为故障而停机时也不会影响其他端用户之间的通信。缺点：中心节点要求具有极高的可靠性，中心节点一旦发生故障，整个系统就处于瘫痪状态。

② 总线型拓扑结构。所有端用户都连接在同一传输介质（总线）上，利用该公共传输介质以广播的方式发送和接收数据。优点：结构简单，实现容易，可靠性好。缺点：节点的数量对数据传输速率影响较大。

③ 环形拓扑结构。传输介质从一个端用户到另一个端用户，直到将所有端用户连成环形。优点：数据的传输只能单方向进行，简化了数据传输的路径，适应传输负载较大、实时性要求较高的应用环境。缺点：传输的数据要经过所有节点，如果环中的某一节点断开，则环上所有节点之间的通信将会终止，每次增加新节点都要将整个网络断开，提高了架设成本。

星形拓扑结构的扩展便是树形拓扑结构，在树形拓扑结构中，每个中心节点与端用户之间的连接仍为星形，中心节点之间级联形成树形。实际中的局域网大多采用树形拓扑结构。

（3）按传播方式分类。

按传播方式可以将计算机网络分为广播式传输网络和点对点式传输网络。

广播式传输网络是指一个公共信道被多个网络节点共享，对应的网络拓扑结构有总线型、树形、环形。广域网中的无线、卫星通信网络也采用广播式通信技术。

点对点式传输网络是指每条物理线路连接两个节点，对应的拓扑结构有星形、环形、树形与网状。采用分组转发和路由选择策略是点对点式传输网络与广播式传输网络的重要区别之一。

1.1.3 网络体系结构

1. 计算机网络协议

计算机网络协议是为计算机之间正确的数据交换而制定的一系列有关数据传输顺序、信息格式和信息内容等方面的规则、约定和标准。

计算机网络协议一般至少包括 3 个要素。

① 语法：规定用户数据与控制信息的结构和格式。

② 语义：规定需要发出何种控制信息，以及完成的动作与做出的响应。

③ 时序：规定对事件实现顺序控制的时间。

2. 计算机网络体系结构

计算机网络体系结构是计算机网络层次模型和各层协议的集合。计算机网络体系结构是抽象的，而计算机网络体系结构的实现是具体的，是能够运行的一些硬件和软件，多采用层次结构。

计算机网络体系结构采用层次结构，具有以下几方面优点。

① 各层之间相互独立。高层通过层间接口使用低层的服务，而不需要知道低层是如何实现的。

② 灵活性好。只要接口不变，各层变化不影响其他层。

③ 各层都可以采用最合适的技术实现，各层实现技术不影响其他层。

④ 易于实现和维护。

⑤ 有利于促进标准化。

3. OSI 参考模型

（1）OSI 参考模型的概念。

OSI 参考模型采用分层的体系结构将整个庞大而复杂的问题划分为若干个容易处理的小问题。在 OSI 参考模型中，采用了 3 级抽象，即体系结构、服务定义和协议规格说明，实现了开放系统环境中的互联性、互操作性和应用的可移植性。

① 体系结构：定义了层次结构、层次之间的相互关系及各层所包括的可能的服务，是对网络内部结构最精炼的概括与描述。

② 服务定义：详细说明了各层所提供的服务，通过接口提供给更高一层，同时定义了层与层之间接口和各层所使用的原语，但不涉及接口的实现。

③ 协议规格说明：精确定义了应当发送什么控制信息，以及应当用什么样的过程解释这

个控制信息。协议规格说明具有最严格的约束。

OSI 参考模型仅仅是抽象描述，或者说是一个制定标准时所使用的框架。

（2）OSI 参考模型的结构及各层的主要功能。

OSI 参考模型分为 7 层，分别是物理层、数据链路层、网络层、传输层、会话层、表示层、应用层。划分层次的原则是：网络中各节点都有相同的层次；不同节点的同等层具有相同的功能；同一节点内相邻层之间通过接口通信；每一层使用下层提供的服务，并向其上层提供服务；不同节点的同等层按照协议实现对等层之间的通信。

信息在网络中传输时，数据在发送方和接收方有一个封装和解封装的过程。首先在发送方通过 OSI 参考模型的上三层生成数据，然后将数据传给传输层。传输层在必要的时候会把这些数据分割成小的单元，称为数据段，再把数据段传给网络层。在网络层会依据该层的协议，在数据段的头部加上一些控制信息，这称为包头，从而形成数据包，再把数据包向下传给数据链路层。数据链路层根据该层的协议，在数据包的头部和尾部各加上一些控制信息，这称为帧头和帧尾，从而形成数据帧，再将数据帧向下传给物理层。物理层将数据帧转换成可以在传输介质中传输的信号（根据采用的传输介质不同，可以是电信号、光信号或电磁波），因为在网络中数据都是以比特（bit）为单位串行传输的，所以这些信号也被统称为比特流。比特流通过传输介质传输到接收方，接收方的处理是一个逆过程的操作。首先在物理层接收比特流并将之转换成数据帧，然后将数据帧向上传给数据链路层。数据链路层将数据帧的帧头和帧尾去掉，取出其中的数据包，再将数据包向上传给网络层。网络层将数据包的包头去掉，取出其中的数据段，向上传给传输层。传输层将数据段依据编号重新组合成原始数据，并将其交给上三层继续处理。最终，由上三层将数据还原成原始数据。

下面介绍各层的主要功能。

① 物理层。物理层是整个 OSI 参考模型的底层，它的任务是提供网络的物理连接。所以，物理层是建立在物理介质上的（而不是逻辑上的协议和会话），提供的是机械和电气接口，使原始的数据比特（Bit）流能在物理介质上传输。

② 数据链路层。数据链路层分为介质访问控制（Media Access Control，MAC）子层和逻辑链路控制（Logical Link Control，LLC）子层，在物理层提供比特流传输服务的基础上，传输以数据帧为单位的数据。数据链路层的主要作用是通过校验、确认和反馈重发等手段，将不可靠的物理链路改造成对网络层来说无差错的数据链路。数据链路层还要协调收发双方的数据传输速率，即进行流量控制，以防止接收方因来不及处理发送方传输的高速数据而出现缓冲区溢出及线路阻塞等问题。

③ 网络层。网络层负责由一个站到另一个站的路径选择，解决的是网络与网络之间（网际）的通信问题，而不是同一网段内部的通信问题。网络层的主要功能是提供路由，即选择到达目的主机的最佳路径，并沿该路径传输数据包（分组）。此外，网络层还具有控制流量和控制拥塞的能力。

④ 传输层。传输层负责完成两个站之间数据的传输。当两个站已确定建立了联系后，传输层负责监督，以确保数据能正确无误地传输，提供可靠的端到端数据传输功能。

⑤ 会话层。会话层主要负责控制每一站究竟什么时间可以发送与接收数据。例如，如果有许多使用者同时发送与接收消息，那么此时会话层的任务就是确定在接收消息或发送消息时不会发生“碰撞”。

⑥ 表示层。表示层负责将数据转换成使用者可以看得懂的、有意义的内容，包括格式转换、数据加密与解密、数据压缩与恢复等功能。

⑦ 应用层。应用层负责为软件提供接口，从而使程序能够使用网络服务。应用层协议包括 Telnet、FTP、HTTP、SNMP 和 DNS 等。

4. TCP/IP 模型

TCP/IP 协议具有以下几方面特点。

① 开放的协议标准，独立于特定的计算机硬件和操作系统。

② 独立于特定的网络硬件，可以运行在局域网、广域网中，更适合运行在 Internet 中。

③ 统一的地址分配方案，可以使整个 TCP/IP 设备在网络中具有唯一的地址。

④ 标准化的高层协议，可提供多种可靠的服务。

TCP/IP 模型分为 4 层：网络接口层、网络层、传输层和应用层。OSI 参考模型与 TCP/IP 模型的对应关系如表 1-1 所示。

表 1-1　OSI 参考模型与 TCP/IP 模型的对应关系

OSI 参考模型	TCP/IP 模型	TCP/IP 常用协议
应用层	应用层	DNS、HTTP、SMTP、RIP、Telnet、FTP、NFS
表示层		
会话层		
传输层	传输层	TCP、UDP
网络层	网络层	IP、ICMP、IGMP、ARP、RARP
数据链路层	网络接口层	Ethernet、ATM、FDDI、ISDN、TDMA
物理层		

TCP/IP 模型的网络接口层实现了 OSI 参考模型中物理层和数据链路层的功能。

TCP/IP 模型的网络层功能主要体现在以下 3 个方面。

① 处理来自传输层的分组发送请求。

② 处理接收的分组。

③ 处理路径选择、流量控制与拥塞问题。

传输层实现应用进程间的端到端通信，包括两个协议：TCP 协议和 UDP 协议。

TCP 协议是一种可靠的面向连接的协议，允许将一台主机的字节流无差错地传输到目的主机。

UDP 协议是不可靠的无连接协议，不要求分组顺序到达目的地。

应用层的主要协议有远程登录协议（Telnet）、文件传输协议（FTP）、简单邮件传输协议（SMTP）、域名系统（DNS）、路由信息协议（RIP）、网络文件协议（NFS）、超文本传输协议（HTTP）等。

1.1.4　分组交换技术

通信子网的交换方式分为两类，即电路交换和存储转发交换。存储转发交换又可分为报文存储转发交换（报文交换）和分组存储转发交换（分组交换）。

1. 电路交换

电路交换又称为线路交换，其工作过程与电话交换方式的工作过程类似，可分为如下 3 个阶段。

① 线路建立。两台计算机通过通信子网进行数据交换之前，首先要在通信子网中建立一个实际的物理线路连接。

② 数据传输。建立线路连接后，可以实现实时、双向的数据交换。

③ 线路释放。数据传输结束后，源主机向目的主机发送释放请求，目的主机同意后逐步释放连接。

电路交换的优点是通信实时性强，适应于交互式会话通信。电路交换的缺点是对突发性通信不适应，系统效率低；系统不具备存储数据的能力，不具备差错控制能力，无法发现与纠正传输过程中发生的数据差错。在进行电路交换方式研究的基础上，人们提出了存储转发交换方式。

2. 存储转发交换

存储转发交换方式与电路交换方式的区别在以下两个方面。

① 发送的数据与目的地址、源地址等控制信息按照一定格式组成一个数据单元（报文或分组）进入通信子网。

② 通信子网中的节点是通信控制处理机，它负责完成数据单元的接收、差错检验、存储、路径选择和转发等功能。

转发数据的单位分为两种：报文和分组。

报文：数据长度不限，增加目的地址、源地址等控制信息后组成一个逻辑单元。

分组：限制数据长度，源节点需要将报文分成多个分组，发送结束后，由目的节点按顺序重新组织成报文。

存储转发交换的优点：多个报文或分组可以共享信道，线路利用率高；通信控制处理机具有路由选择功能，提高了系统效率；通信控制处理机可进行差错检验与纠错处理，提高了系统可靠性；通信控制处理机可实现不同通信速率的转换，也可对不同数据代码格式进行转换。

3. 数据报交换技术与虚电路交换技术

根据实现机制的不同，分组交换技术可分为数据报交换技术和虚电路交换技术。

（1）数据报交换技术。

传输分组前不需要预先在源主机与目的主机之间建立连接，源主机发送的每一个分组都可以独立选择一条传输路径，每个分组可以在通信子网中通过不同的路径传输到目的地。

数据报交换的具体步骤如下。

① 源主机将报文分成若干个分组，发送给直接相连的处理机，处理机存储收到的分组。

② 每个收到分组的处理机都首先进行差错检验，然后向源处理机返回确认信息。

③ 如果收到的分组无差错，则处理机进行路径选择，将分组转发给下一个处理机。

④ 如果收到的分组有差错，则要求发送方重新发送。

⑤ 分组到达目的地。

数据报交换方式具有如下特点。

① 各分组可按不同路径传输。

② 到达目的地的分组可能存在乱序、丢失等现象。

③ 每个分组都要包含目的地址、源地址等控制信息。

④ 传输延迟较大。

（2）虚电路交换技术。

发送分组前，在发送方和接收方之间建立逻辑连接（虚电路）。虚电路交换方式的工作过程分为 3 个阶段：虚电路建立、数据传输、虚电路拆除。

虚电路交换方式具有如下特点。

① 每次分组传输前，需要在源主机和目的主机之间建立虚电路。

② 所有分组按统一建立的虚电路传输，不会出现乱序和丢失现象。

③ 分组通过通信子网中的每一个节点时，节点只需要进行差错检验，不需要进行路径选择。

④ 通信子网中的每一个节点可以与任何节点建立多条虚电路。

虚电路交换与电路交换的区别：虚电路交换在传输分组时建立虚连接，这种连接不是独占的；而电路交换的连接是物理连接，这种连接是独占的。

1.2 同步练习

1.2.1 判断题

1．星形拓扑结构是局域网的主要拓扑结构之一。（　　）

2．依据网络的拓扑结构，计算机网络可分为广域网、城域网、局域网和个人区域网。（　　）

3．分组交换中的虚电路交换方式就是在接收方和发送方之间建立一条物理连接。（　　）

1.2.2 选择题

1．计算机网络可被理解为（　　）。

A．执行计算机数据处理的软件模块

B．由自治的计算机互联起来的集合体

C．多个处理器通过共享内存实现的紧密耦合系统

D．用于共同完成一项任务的分布式系统

2．就交换技术而言，以太网采用的是（　　）。

A．分组交换技术　　B．电路交换技术

C．报文交换技术　　D．混合交换技术

3．关于交换技术的叙述，错误的是（　　）。

A．电路交换不提供差错控制功能

B．分组交换的分组有最大长度的限制

C．虚电路交换是面向连接的，它提供的是一种可靠的服务

D．在出错率很高的传输系统中，选择虚电路交换方式更合适

4．在数据通信中，存储转发是使用比较多的一种数据交换方式。根据传输的数据单元的不同，基于存储转发的交换技术可以分为（　　）。

A．分组交换、信元交换　　B．分组交换、报文交换

C．电路交换、存储转发交换　　D．报文交换、消息交换

5．分组交换对报文交换的主要改进是（　　）。

A．差错控制更加完善

B．路由算法更加简单

C．传输单位更小且有固定的最大长度

D．传输单位更大且有固定的最大长度

6．TCP/IP 协议栈中的 IP 协议对应到 OSI 7 层网络模型的（　　）。

A．物理层　　B．数据链路层

C．网络层　　D．会话层

7．在网络参考模型中，第 n 层与它之上的第 $n+1$ 层的关系是（　　）。

A．第 n 层为第 $n+1$ 层提供服务

B．第 $n+1$ 层为第 n 层提供的报文添加一个报头

C．第 n 层使用第 $n+1$ 层提供的服务

D．第 n 层和第 $n+1$ 层相互没有关系

8．在 OSI 参考模型中，当两台计算机进行文件传输时，为防止中间出现网络故障而重传整个文件的情况，可通过在文件中插入同步点来解决，这个动作发生在（　　）。

A．表示层　　B．会话层　　C．网络层　　D．数据链路层

9．在 OSI 参考模型中，自上而下第一个提供端到端服务的层次是（　　）。

A．数据链路层　　B．网络层　　C．传输层　　D．应用层

第 2 章 局域网基础

2.1 知识点

2.1.1 局域网的定义与特点

1. 局域网的定义

局域网（LAN）是一种在小区域范围内利用通信线路和通信设备将各种计算机和通信设备互联起来，实现数据通信和资源共享的计算机网络。

2. 局域网的特点

局域网具有以下特点。

① 网络所覆盖的地理范围小。通常不超过 10km，甚至只在一栋建筑或一个房间内。

② 数据传输速率高。数据传输速率通常为 100Mbit/s ～ 1000Mbit/s。

③ 误码率低。数据传输误码率一般为 10^{-11} ～ 10^{-8}。

④ 局域网协议简单，结构灵活，建网成本低，周期短，便于管理和扩充。

3. 局域网的分类

按拓扑结构分，局域网可分为星形局域网、总线型局域网、环形局域网等。

按传输介质分，局域网可分为有线网和无线网。有线传输介质包括双绞线、同轴电缆和光纤等，无线传输介质包括无线电、微波、红外线、激光、卫星信道等。

按信道访问协议分，局域网可分为以太网、令牌环网等。

拓扑结构、传输介质、信道访问协议构成了计算机局域网的 3 个基本要素。它们在很大程度上决定了传输数据的类型、网络的响应时间、吞吐率和利用率，以及网络应用等各种网络特性。其中最重要的是介质访问控制方法，它对网络特性起着十分重要的作用。

2.1.2　传输介质

根据应用环境不同，传输介质主要有以下 4 种类型。

1. 双绞线

双绞线是目前局域网中最常用的一种传输介质。双绞线由不同颜色的 4 对 8 芯线组成，每两条线按一定规则缠绕在一起，成为一个芯线对，外面包裹一层塑料保护层。双绞线之所以要两两缠绕，是为了尽可能降低两条线路传输信号时所产生的电磁场相互干扰的影响。

从整体结构看，双绞线一般分为非屏蔽式双绞线（UTP）和屏蔽式双绞线（STP）两种，STP 虽然抗干扰性更好，但是价格昂贵，体积较大，只在以前的一些 IBM 设备上用过，目前普遍采用的是 UTP。

根据支持的最大传输速率不同，双绞线又分为 1 类线、2 类线、3 类线、4 类线、5 类线、超 5 类线、6 类线、超 6 类线等。目前最常用的是 5 类线（最大传输速率为 100Mbit/s）和超 5 类线（最大传输速率为 1000Mbit/s），它们的区分方法是：一般在 5 类线的外套上标有 CAT5 字样，而在超 5 类线上标有 5e 字样。

双绞线的最大传输距离一般为 100m，在两端必须使用统一标准的 RJ-45 接口与设备相连。

根据 IEEE 802.3 标准的规定，在 100Base-T 网络中，双绞线只用到了其中两对线，即用于发送信号的橙白线和橙线，以及用于接收信号的绿白线和绿线，其余两对线保留未用。在制作双绞线时有两种不同的标准。

T568A 标准线序：绿白—1、绿色—2、橙白—3、蓝色—4、蓝白—5、橙色—6、棕白—7、棕色—8。

T568B 标准线序：橙白—1、橙色—2、绿白—3、蓝色—4、蓝白—5、绿色—6、棕白—7、棕色—8。

为了保持最佳的兼容性，普遍采用 T568B 标准来制作网线。在制作的过程中需要注意，因为网卡端口定义 1、2 引脚用于发送，3、6 引脚用于接收，而集线器 / 交换机的端口定义 1、2 引脚用于接收，3、6 引脚用于发送，所以双绞线如果用于连接网卡和集线器 / 交换机，则两端都按照 T568B 标准制作，恰好可以满足要求，这种两端线序一致的网线称为直通线；而如果要直接在网卡与网卡之间或集线器 / 交换机之间进行连接，则双绞线的一端按 T568B 标准制作，另一端必须按 T568A 标准制作，这种两端线序交叉对应的网线称为交叉线。

2. 同轴电缆

同轴电缆由内外两个导体组成，且两个导体是同轴线的，中间用绝缘层隔离。有线电视所用电缆即同轴电缆。

根据直径大小不同，同轴电缆分为粗同轴电缆（粗缆）和细同轴电缆（细缆）两种。同轴电缆比双绞线的传输距离要远，抗干扰能力也要强，粗缆的最大传输距离为 500m，细缆的最大传输距离为 185m，但同轴电缆的造价相对双绞线要高得多，而且安装难度较大，所以目前在局域网中基本已被淘汰。

3. 光纤

光纤由传导光信号的石英玻璃纤维外加保护层构成。光纤抗干扰能力很强，信号传输几乎不失真，传输距离远，是目前最好的网络传输介质。

光缆分为单模光纤和多模光纤两种（所谓“模”，就是指以一定的角度进入光纤的一束光线）。在多模光纤中，芯的直径一般是 50μm 或 62.5μm，使用发光二极管作为光源，允许多束光线同时穿过光纤，定向性差，最大传输距离为 2km，一般用于距离相对较近的区域内的网络连接；在单模光纤中，芯的直径一般为 9μm 或 10μm，使用激光作为光源，并且只允许一束光线穿过光纤，定向性好，传输数据质量高，传输距离远，可达 40km，通常用于长途干线传输及城域网建设等。

4. 无线传输介质

无线传输介质用电磁波作为传输信号，相比上述其他 3 种传输介质，无线传输介质的最大优点是不需要物理链路，克服了地理环境的限制。无线传输介质包括无线电、微波、红外线、激光、卫星信道等。虽然无线传输介质的定向性及保密性相对较差，但目前在很多公共场所及家庭中已越来越多地采用无线传输介质。传输延迟是设计卫星数据通信系统时需要注意的一个重要参数，两个地面节点通过卫星转发信号的传输延迟典型值一般为 540ms。

2.1.3 局域网常用连接设备

局域网一般由服务器、用户工作站和通信设备组成。通信设备主要实现物理层和介质访问控制（MAC）子层的功能，在网络节点间提供数据帧的传输，如网卡、通信线路（双绞线、同轴电缆及光纤等）和通信设备（中继器、集线器、网桥、交换机等）。

1. 中继器

当局域网物理距离超过了允许的范围时，可用中继器（Repeater）将该局域网的范围进行延伸。中继器在网段间传递信息起信号放大、整形和传输作用，它工作在 OSI 参考模型的底层（物理层），在以太网中最多可使用 4 个中继器。

2. 集线器

集线器（Hub）的主要功能是对接收到的信号进行再生、整形和放大，以扩大网络的传输距离，同时把所有节点集中在以它为中心的节点上。集线器工作在物理层，采用广播方式发送数据，当一个端口接收到数据后就向所有其他端口转发。集线器是中继器的一种，其区别仅在于集线器提供了更多的端口。

3. 网桥

网桥（Bridge）在数据链路层实现同类网络的互联，它有选择地将数据从一个网段传向另一个网段。当网络负载大而导致性能下降时，可用网桥将其分为两个（或多个）网段，这样可较好地缓解网络通信繁忙的程度，提高通信效率。网桥的功能在延长网络跨度上类似于中继器，然而它能提供智能化连接服务，即根据数据帧的目的地址处于哪一网段来进行转发和过滤。网桥对节点所处网段的了解是靠“自学习”实现的。

4. 交换机

交换机（Switch）也称为交换式集线器，是一种工作在数据链路层上的、基于 MAC 地址识别、具有封装转发数据帧功能的网络设备。交换机通过对信息进行重新生成，并经过内部处理后转发至指定端口，具备自动寻址能力和交换作用。交换机可以“自学习”MAC 地址，并把其存放在内部地址表中，通过在数据帧的始发者和目的接收者之间建立临时的交换路径，使数据帧直接由源地址到达目的地址。交换机是集线器的升级产品，每一个端口都可视为独立的网段，连接在其上的网络设备共同享有该端口的全部带宽。交换机根据所传输数据帧的目的地址，将每一个数据帧独立地从源端口送至目的端口，而不会向所有端口发送，避免了和其他端口发生冲突，从而提高了传输效率。

交换机的主要功能包括物理编址、网络拓扑、错误校验、帧序列及流量控制。目前有些交换机还具备了一些新的功能，如对虚拟局域网（Virtual LAN，VLAN）的支持、对链路汇聚的支持，甚至有的交换机还具有部分防火墙的功能。

交换机与集线器的区别如下。

① OSI 体系结构上的区别。集线器属于 OSI 参考模型的第一层（物理层）设备，而交换机属于 OSI 参考模型的第二层（数据链路层）设备，这就意味着集线器只是对数据的传输起到同步、放大和整形的作用，对数据传输中的短帧、碎片等无法进行有效的处理，不能保证数据传输的完整性和正确性；而交换机不但可以对数据的传输做到同步、放大和整形，而且可以过滤短帧、碎片等。

② 工作方式上的区别。集线器的工作机理是广播（Broadcast），无论从哪一个端口接收到信息包，都以广播的形式将信息包发送给其余的所有端口，这样很容易产生“广播风暴”，当网络规模较大时网络性能会受到很大的影响；交换机在工作时，只有发出请求的端口和目的端口之间相互响应，不影响其他端口，因此交换机能够隔离冲突域和有效地抑制“广播风暴”的产生。

③ 带宽占用方式上的区别。集线器不管有多少个端口，所有端口都共享一条带宽，在同一时刻只能有两个端口在发送或接收数据，其他端口只能等待，同时集线器只能工作在半双工模式下；而对于交换机而言，每个端口都有一条独占的带宽，当两个端口工作时并不影响其他端口的工作，同时交换机不但可以工作在半双工模式下，而且可以工作在全双工模式下。

5. 路由器

路由器工作在 OSI 参考模型的第三层（网络层），这意味着它可以在多个网络上交换和路由数据包。路由器通过在相对独立的网络中交换具体协议的信息，来实现交换和路由数据包。

比起网桥，路由器不仅能过滤和分隔网络信息流、连接网络分支，还能访问数据包中更多的信息，并用来提高数据包的传输效率。

路由器中包含一张路由表，该表中有网络地址、连接信息、路径信息和发送代价信息等。路由器转发数据比网桥慢，主要用于网络与网络之间的互联。

6. 网关

网关通过把信息重新包装来适应不同的网络环境。网关能互联异类的网络。网关从一个网络中读取数据，剥去数据的老协议后，用目的网络的新协议进行重新包装。

网关的一个较为常见的用途是，在局域网中的微型计算机和小型计算机或大型计算机之间进行“翻译”，从而连接两个（或多个）异类的网络。网关的典型应用是作为网络专用服务器。

2.1.4 IEEE 802.x体系模型

IEEE 802参考模型是美国电气电子工程师协会（IEEE）于1980年2月制定的，因此被称为IEEE 802标准，这个标准对应于OSI参考模型中的物理层和数据链路层，数据链路层又划分为逻辑链路控制（LLC）子层和介质访问控制（MAC）子层。MAC子层主要负责处理局域网中各节点对通信介质的争用问题。LLC子层屏蔽各种MAC子层的具体实现细节，具有统一的LLC界面，从而为网络层提供一致的服务。

IEEE 802为局域网制定了一系列标准，主要有以下几种。

IEEE 802.1标准：局域网体系结构，以及寻址、网络管理和网络互联等。

IEEE 802.2标准：逻辑链路控制（LLC）子层。

IEEE 802.3标准：带冲突检测的载波侦听多路访问（CSMA/CD）。

IEEE 802.3u标准：100Mbit/s快速以太网。

IEEE 802.3z标准：1000Mbit/s以太网（光纤、同轴电缆）。

IEEE 802.3ab标准：1000Mbit/s以太网（双绞线）。

IEEE 802.3ae标准：10000Mbit/s以太网。

IEEE 802.4标准：令牌总线网（Token Bus）。

IEEE 802.5标准：令牌环网（Token Ring）。

IEEE 802.6标准：城域网（MAN）。

IEEE 802.7标准：宽带技术。

IEEE 802.8标准：光纤技术。

IEEE 802.9标准：综合语音数据网。

IEEE 802.10标准：安全与加密。

IEEE 802.11标准：无线局域网。

IEEE 802.12标准：100VG-AnyLAN优先高速局域网（100Mbit/s）。

IEEE 802.13标准：有线电视网（Cable-TV）。

IEEE 802.14标准：有线调制解调器（已废除）。

IEEE 802.15标准：无线个人区域网（蓝牙）。

IEEE 802.16标准：宽带无线MAN标准（WiMAX）。

IEEE 802.17标准：弹性分组环（Resilient Packet Ring，RPR）可靠个人接入技术。

IEEE 802.18标准：宽带无线局域网技术。

IEEE 802.19标准：无线共存技术。

IEEE 802.20标准：移动宽带无线访问。

IEEE 802.21标准：符合IEEE 802标准的网络与不符合IEEE 802标准的网络之间的互通。

IEEE 802.22标准：无线地域性区域网（Wireless Regional Area Network，WRAN）。

2.1.5 介质访问控制方法

在局域网中，常见的介质访问控制方法主要有3种：CSMA/CD、令牌环和令牌总线。

1. CSMA/CD

带冲突检测的载波侦听多路访问（Carrier Sense Multiple Access with Collision Detection，CSMA/CD）控制方法是一种争用型的介质访问控制协议，它只适用于总线型拓扑结构的局域网，能有效解决总线型局域网中介质共享、信道分配和信道冲突等问题。

CSMA/CD 的工作原理可概括为 16 个字“先听后发，边听边发，冲突停止，延时重发”，其具体工作过程概括如下。

（1）发送数据前，先侦听信道是否空闲，若信道空闲，则立即发送数据。

（2）若信道忙，则继续侦听，直到信道空闲时立即发送数据。

（3）在发送数据时，边发送边继续侦听，若侦听到冲突，则立即停止发送数据，并向总线上发出一串阻塞信号，通知总线上各节点已发生冲突，使各节点重新开始侦听与竞争信道。

（4）已发送数据的各节点收到阻塞信号后，等待一段随机时间，再重新进入侦听发送阶段。

CSMA/CD 的优点：原理比较简单，技术上易实现，网络中各节点处于平等地位，不需要集中控制，不提供优先级控制。CSMA/CD 的缺点：需要冲突检测，存在错误判断和最小帧长度（64 字节）限制，当网络中的节点增多，网络流量增大时，各节点间的冲突概率增加，发送效率急剧下降，网络性能变差，会造成网络拥塞。

2. 令牌环

令牌环适用于环形拓扑结构的局域网，在令牌环中有一个令牌（Token）沿着环形总线在入网节点计算机间依次传递。令牌实际上是一个特殊格式的控制帧，其本身并不包含信息，仅控制信道的使用，确保在同一时刻只有一个节点能够独占信道。当环上节点都空闲时，令牌绕环行进。节点计算机只有取得令牌后才能发送数据帧，因此不会发生“碰撞”。由于令牌在环上是按顺序依次单向传递的，因此对所有入网节点计算机而言，访问权是公平的。

令牌在工作中有“闲”和“忙”两种状态。“闲”表示令牌没有被占用，即网中没有计算机在传送信息；“忙”表示令牌已被占用，即网中有信息正在传送。希望传送数据的计算机必须首先检测到“闲”令牌，并将它置为“忙”的状态，然后在该令牌后面传送数据。当所传数据被目的节点计算机接收后，数据在网中被除去，令牌被重新置为“闲”。

令牌环网的缺点是需要维护令牌，一旦失去令牌就无法工作，需要选择专门的节点计算机监视和管理令牌。

3. 令牌总线

令牌总线类似于令牌环，但其采用总线型拓扑结构。因此，它既具有 CSMA/CD 的结构简单、负载小、延迟小的优点，又具有令牌环的大负载时效率高、公平访问和传输距离较远的优点，还具有传送时间固定、可设置优先级等优点。

令牌总线在总线的基础上，通过在网络节点之间有序地传递令牌来分配各节点对共享型总线的访问权，形成闭合的逻辑环路。它采用半双工的工作模式，只有获得令牌的节点才能发送信息，其他节点只能接收信息。为了保证逻辑闭合环路的形成，每个节点都动态地维护着一个链接表，该表记录着本节点在环路中的前趋、后继和本节点的地址，每个节点根据后继地址确定下一个占有令牌的节点。

2.1.6 以太网

1976 年 7 月，Bob 在 ALOHA 网络的基础上，提出总线型局域网的设计思想，并提出冲突检测、载波侦听与随机后退延迟算法，将这种局域网命名为以太网（Ethernet）。

以太网的核心技术是介质访问控制方法 CSMA/CD，它解决了多节点共享公用总线的问题。每个节点都可以接收到所有来自其他节点的数据帧，目的节点将该帧复制，其他节点则丢弃该帧。

1. MAC 地址

为了标识以太网上的每台主机，需要给每台主机上的网络适配器（网卡）分配一个全球唯一的通信地址，即 Ethernet 地址或称为网卡的物理地址、MAC 地址。

IEEE 负责为网络适配器制造厂商分配 Ethernet 地址块，各厂商为自己生产的每个网络适配器分配一个全球唯一的 MAC 地址。MAC 地址长度为 48 比特，共 6 字节，如 00-0D-88-47-58-2C，其中，前 3 字节为 IEEE 分配给厂商的厂商代码（00-0D-88），后 3 字节为厂商自己设置的网络适配器编号（47-58-2C）。

MAC 广播地址为 FF-FF-FF-FF-FF-FF。如果 MAC 地址（二进制数形式）的第 8 位是 1，则表示该 MAC 地址是组播地址，如 01-00-5E-37-55-4D。

2. 以太网的帧格式

以太网的帧是数据链路层的封装形式，网络层的数据包被加上帧头和帧尾后成为可以被数据链路层识别的数据帧。虽然帧头和帧尾所用的字节数是固定不变的，但随着被封装的数据包大小的变化，以太网的帧长度也在变化，其范围是 64～1518 字节（不算 8 字节的前导字）。

以太网的帧格式有多种，在每种格式的帧开始处都有 64 比特（8 字节）的前导字符，其中前 7 字节为前同步码（7 个 10101010），第 8 字节为帧起始标志（10101011）。Ethernet Ⅱ的帧格式（未包括前导字符）如图 2-1 所示。

目标 MAC 地址 (6 字节)	源 MAC 地址 (6 字节)	类型 (2 字节)	数据 (46~1500 字节)	FCS (4 字节)

图 2-1 Ethernet Ⅱ的帧格式

Ethernet Ⅱ类型以太网帧的最小长度为 64（6＋6＋2＋46＋4）字节，最大长度为 1518（6＋6＋2＋1500＋4）字节。其中前 12 字节分别标识出发送数据帧的源节点的 MAC 地址和接收数据帧的目标节点的 MAC 地址。接下来的 2 字节标识出以太网帧所携带的上层数据类型，如十六进制数 0x0800 代表 IP 协议数据，十六进制数 0x0806 代表 ARP 协议数据等。在不定长的数据字段后是 4 字节的帧校验序列（Frame Check Sequence，FCS），采用 32 位 CRC 循环冗余校验，对从“目标 MAC 地址”字段到“数据”字段的数据进行校验。

3. 标准以太网

以前，以太网只有 10Mbit/s 的吞吐量，采用 CSMA/CD 的介质访问控制方法和曼彻斯特编码，这种早期的 10Mbit/s 以太网称为标准以太网。以太网可以使用粗同轴电缆、细同轴电缆、非屏蔽式双绞线、屏蔽式双绞线和光纤等多种传输介质进行连接，并且在 IEEE 802.3 标准中，为不同的传输介质制定了不同的物理层标准，在这些标准中前面的数字表示传输速率，单位是 Mbit/s，最后的一个数字表示单段网线长度（基准单位是 100m），Base 表示“基带传输”。

表 2-1 列出了 4 种标准以太网的特性。

表 2-1　4 种标准以太网的特性

特　　性	10Base-5	10Base-2	10Base-T	10Base-F
IEEE 标准	IEEE 802.3	IEEE 802.3a	IEEE 802.3i	IEEE 802.3j
传输速率（Mbit/s）	10	10	10	10
传输方法	基带	基带	基带	基带
无中继器，线缆最大长度（m）	500	185	100	2000
站间最小距离（m）	2.5	0.5		
最大长度（m）/ 媒体段数	2500/5	925/5	500/5	4000/2
传输介质	50Ω 粗同轴电缆（ϕ10mm）	50Ω 细同轴电缆（ϕ5mm）	非屏蔽式双绞线	多模光纤
拓扑结构	总线型	总线型	星形	星形
编码方式	曼彻斯特编码	曼彻斯特编码	曼彻斯特编码	曼彻斯特编码

2.1.7　高速局域网

传统局域网技术建立在“共享介质”的基础上，网中所有节点共享一条公共传输介质，典型的介质访问控制方法有 CSMA/CD、令牌环和令牌总线。

介质访问控制方法使得每个节点都能够“公平”使用公共传输介质，如果网络中节点数目增多，则每个节点分配的带宽将越来越少，冲突和重发现象将大量增加，网络传输效率急剧下降，数据传输的延迟增长，网络服务质量下降。为了进一步提高网络性能，较好的解决方案如下。

（1）增加公共线路的带宽。优点：保护局域网用户已有的投资。

（2）将大型局域网划分成若干个用网桥或路由器连接的子网。优点：每个子网作为小型局域网，隔离子网间的通信量，提高网络的安全性。

（3）将共享介质改为交换介质。优点：交换式局域网的设备是交换机，可以在多个端口之间建立多个并发连接。交换方式出现后，局域网分为共享式局域网和交换式局域网。

1. 百兆快速以太网

百兆快速以太网与标准以太网相比，仍然采用相同的帧格式、相同的介质访问控制和组网方法，但可将速率从 10Mbit/s 提高到 100Mbit/s。在 MAC 子层仍然使用 CSMA/CD，在物理层进行必要的调整，定义了新的物理层标准。百兆快速以太网的标准为 IEEE 802.3u。

百兆快速以太网标准定义了介质独立接口 MII，用来将 MAC 子层与物理层隔开。当传输速率为 100Mbit/s 时，传输介质和信号编码方式的变化不会影响 MAC 子层。

百兆快速以太网的传输介质标准主要有以下 3 种。

① 100Base-TX：支持 2 对 5 类非屏蔽式双绞线或 2 对 1 类屏蔽式双绞线，其中一对用来发送，另一对用来接收；采用 4B/5B 编码方式；可以采用全双工传输方式，每个节点可同时以 100Mbit/s 速率发送和接收数据，即 200Mbit/s 带宽。

② 100Base-T4：支持 4 对 3 类非屏蔽式双绞线，其中 3 对用于数据传输，1 对用于冲突

检测；采用 8B/6T 编码方式。

③ 100Base-FX：支持 2 芯的单模或多模光纤，主要用于高速主干网，从节点到集线器的距离可达 2km；采用 4B/5B 编码方式和全双工传输方式。

因为 100Base-TX 与 10Base-T 兼容，所以 100Base-TX 使用更广泛。

2. 千兆以太网

千兆以太网技术是建立在以太网标准基础之上的技术。千兆以太网与大量使用的标准以太网和快速以太网完全兼容，并利用了原以太网标准所规定的全部技术规范，其中包括 CSMA/CD 协议、以太网帧、全双工、流量控制及 IEEE 802.3 标准中所定义的管理对象。

IEEE 802.3z 标准定义了 1000Base-SX、1000Base-LX、1000Base-CX 等 3 种千兆以太网标准，IEEE 802.3ab 标准定义了 1000Base-T 千兆以太网标准。4 种千兆以太网的特性如表 2-2 所示。

表 2-2 4 种千兆以太网的特性

特　性	1000Base-SX	1000Base-LX	1000Base-CX	1000Base-T
IEEE 标准	IEEE 802.3z	IEEE 802.3z	IEEE 802.3z	IEEE 802.3ab
传输介质	62.5μm/50μm（多模光纤） 850nm（激光）	62.5μm/50μm（多模光纤） 10μm（单模光纤） 1310nm（激光）	屏蔽式双绞线	5 类及以上非屏蔽式双绞线
编码方式	8B/10B	8B/10B	8B/10B	4D-PAM5
最大的段距离（m）	550	550（多模光纤）/3000（单模光纤）	25	100

千兆以太网仍采用 CSMA/CD 介质访问控制方法，并与现有的以太网兼容。千兆以太网是以交换机为中心的网络。

3. 万兆以太网

万兆以太网技术与千兆以太网技术类似，仍然保留了以太网帧结构。万兆以太网通过不同的编码方式或波分复用提供 10Gbit/s 传输速率。万兆以太网的标准为 IEEE 802.3ae，它只支持光纤作为传输介质，不存在介质争用问题，不再使用 CSMA/CD 介质访问控制方法，仅支持全双工传输方式。

4. 十万兆以太网

十万兆以太网（提供 100Gbit/s 传输速率）的标准是 IEEE 802.3ba，该技术标准仅支持全双工操作，保留了 IEEE 802.3 MAC 子层的以太网帧格式；定义了多种物理介质接口规范，其中有 1m 背板连接、7m 铜缆线、100m 并行多模光纤和 10km 单模光纤（基于 WDM 技术），最大传输距离为 40km，目前主要用在高速主干网上。

2.1.8 交换式局域网

1. 交换机

交换机有多个端口，每个端口可以连接一个节点，也可连接共享介质的集线器（Hub），实现多个端口的并发连接和多个节点的并发传输。交换机通常针对某种局域网设计，交换式局域网的核心设备是局域网交换机。

交换机的特点：低交换延迟，支持不同传输速率和工作模式（交换机端口支持不同的传输速率，交换机可完成不同端口速率之间的转换），可支持虚拟局域网技术（交换式局域网是虚拟局域网的基础）。

2. 交换机的工作原理

二层交换技术发展比较成熟，二层交换机属于数据链路层设备，可以识别数据帧中的 MAC 地址信息，根据 MAC 地址进行转发，并将这些 MAC 地址与对应的端口记录在自己内部的一个 MAC 地址表中。

交换机的工作原理如下。

（1）当交换机从某个端口接收到一个数据帧时，它先读取帧头中的源 MAC 地址，这样它就知道源 MAC 地址的机器是连接在哪个端口上的。

（2）读取帧头中的目的 MAC 地址，并在 MAC 地址表中查找相应的端口。

（3）如果在 MAC 地址表中找不到相应的端口，则把数据帧广播到除源端口外的所有其他端口上。当目的机器对源机器回应时，交换机可以学习到该目的 MAC 地址与哪个端口对应，在下次转发数据时就不再需要对所有端口进行广播了。

（4）如果在 MAC 地址表中有与目的 MAC 地址相对应的端口，则把数据帧直接转发到这个端口上，而不向其他端口广播。

不断循环这个过程，就可以学习到整个网络的 MAC 地址信息，二层交换机就是这样建立和维护它自己的 MAC 地址表的。

在每次添加或更新 MAC 地址表的表项时，添加或更新的表项被赋予一个计时器，计时器用来记录该表项的超时时间，当超时时间到时，该表项将被交换机删除。通过删除过时的表项，交换机维护了一个精确且有用的 MAC 地址表。可见，MAC 地址表中包含了 MAC 地址、端口、超时时间等信息。

3. 交换机的帧转发方式

以太网交换机的帧转发方式有以下 3 种。

① 直接交换方式。提供线速处理能力，交换机只读出帧的前 14 字节，便将帧传送到相应的端口上，不用判断是否出错，帧差错检验由目的节点完成。直接交换方式的优点：交换延迟小；缺点：缺乏差错检验，不支持不同速率端口之间的帧转发。

② 存储转发交换方式。交换机需要完整接收帧并进行差错检验。存储转发交换方式的优点：具有差错检验能力，并支持不同速率端口间的帧转发；缺点：交换延迟将会增大。

③ 改进的直接交换方式。结合上述两种方式，接收到前 64 字节后，判断帧头是否正确，如果正确，则转发。对短帧而言，交换延迟同直接交换方式的延迟；对长帧而言，因为只对帧头（地址和控制字段）检验，交换延迟将会减小。

4. 冲突域和广播域

在共享式以太网中，由于所有的节点使用同一共享总线发送和接收数据，在某一时刻，只能有一个节点进行数据的发送，如果有另一个站点也在该时刻发送数据，那么这两个节点所发送的数据就会发生冲突，冲突的结果是双方的数据发送均不会成功，都需要重新发送。

所有使用同一共享总线进行数据收发的节点就构成了一个冲突域。因此，集线器的所有端口处于同一个冲突域中。

广播域是指能够接收同一个广播消息的节点的集合。在该集合中，任一节点发送的广播消息，处于该广播域中的所有节点都能接收到。所有工作在 OSI 参考模型第一层和第二层的节点处于同一个广播域中。

可见，在集线器或中继器中，所有的端口处于同一个冲突域中，同时处于同一个广播域中。在交换机或网桥中，所有的端口处于同一个广播域中，而不是同一个冲突域中，交换机或网桥的每个端口均是不同的冲突域。交换机的冲突域和广播域如图 2-2 所示。因为路由器的每个端口并不转发广播消息，所以路由器的每个端口均是不同的广播域。

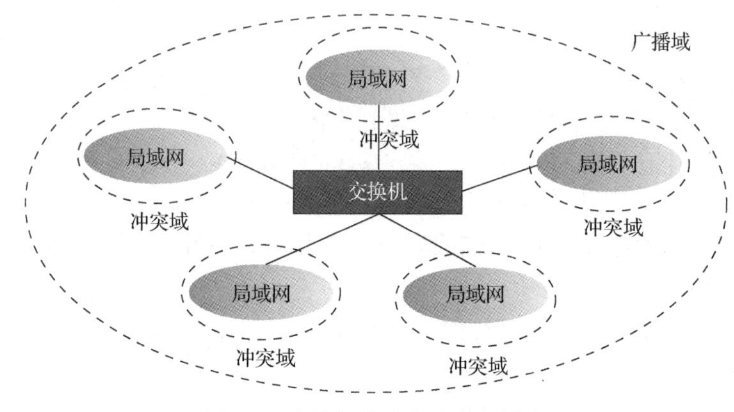

图 2-2　交换机的冲突域和广播域

2.1.9　虚拟局域网

1. 虚拟局域网的工作原理

虚拟局域网（Virtual Local Area Network，VLAN）是建立在交换机技术基础之上的，将局域网中的节点按工作性质和需要划分成若干个逻辑工作组，一个逻辑工作组就是一个虚拟局域网。

虚拟局域网以软件方式实现逻辑工作组的划分和管理，逻辑工作组中的节点不受物理位置的限制（相同逻辑工作组中的节点不一定在相同的物理网段上，只要能够通过交换机互联）。当节点从一个逻辑工作组迁移到另一个逻辑工作组时，只要通过软件设定，无须改变节点在网络中的物理位置。

图 2-3 所示为一个典型的虚拟局域网网络，每个楼层的计算机连接到同楼层的交换机，从而构成了 3 个局域网 LAN1（A1、B1、C1）、LAN2（A2、B2、C2）、LAN3（A3、B3、C3）。这 3 个楼层中的交换机又连接到另一台交换机，把 9 台计算机划分成 3 个逻辑工作组，即 3 个虚拟局域网：VLAN1（A1、A2、A3）、VLAN2（B1、B2、B3）、VLAN3（C1、C2、C3）。每一台计算机都可收到同一虚拟局域网中的其他成员所发出的广播消息。例如，当 A1 向逻辑工作组内成员广播消息时，同组的 A2 和 A3 将会收到广播消息（尽管它们没有连接在同一台交换机上），而 B1 和 C1 都不会收到 A1 发送的广播消息（尽管它们连接在同一台交换机上）。

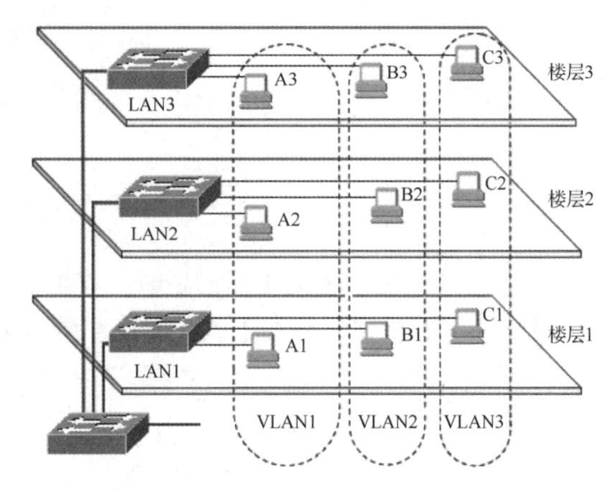

图 2-3　虚拟局域网网络

虚拟局域网的组网方法有以下 4 种。

① 根据交换机端口号。在逻辑上将交换机端口划分为不同的虚拟局域网，当某一个端口属于一个虚拟局域网时，就不能属于另一个虚拟局域网。缺点：当将节点从一个端口转移到另一个端口时，管理者需要重新配置虚拟局域网成员。

② 根据 MAC 地址。利用 MAC 地址定义虚拟局域网，因为 MAC 地址是与物理相关的地址，所以这种虚拟局域网称为基于用户的虚拟局域网。缺点：所有用户初始时必须配置到至少一个虚拟局域网，初始配置人工完成，随后可自动跟踪用户。

③ 根据 IP 地址。利用 IP 地址定义虚拟局域网。优点：用户可按 IP 地址组建虚拟局域网，节点可随意移动不需要重新配置。缺点：性能比较差，原因是检查 IP 地址比检查 MAC 地址更费时。

④ 根据 IP 广播组。基于 IP 广播组动态建立虚拟局域网。当发送广播包时，动态建立虚拟局域网，广播组中的所有成员属于同一个虚拟局域网，它们只是特定时间内的特定广播组成员。优点：可根据服务灵活建立，可跨越路由器和广域网。

2. Trunk 技术

Trunk 是指主干中继链路（Trunk Link），它是不同交换机之间的一条链路，可以传输不同虚拟局域网的信息。Trunk 的用途之一是实现虚拟局域网跨越多台交换机进行定义。交换机间的 Trunk 如图 2-4 所示。在图 2-4 中，要想使 VLAN1、VLAN2 可以跨越交换机定义，要求连接交换机的链路能够通过不同虚拟局域网的信号，所以需要把连接两台交换机的链路设置成 Trunk。

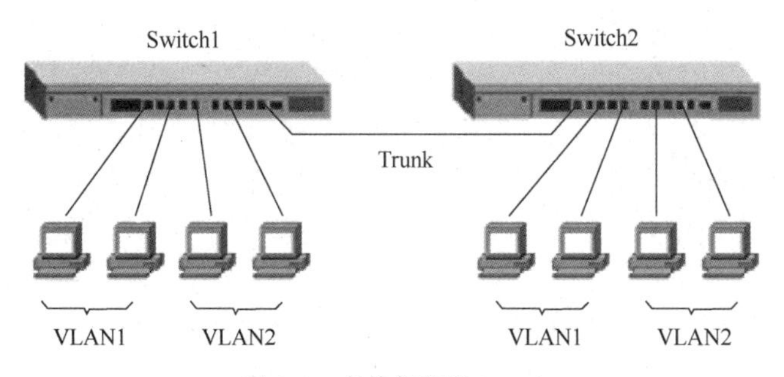

图 2-4　交换机间的 Trunk

3. 虚拟局域网的优点

① 方便网络用户管理，减少网络管理开销。通过虚拟局域网的设置，可以在调整用户涉及节点位置变化时，不需要重新布线。

② 提供更好的安全性。针对不同的用户可以设置不同的权限和要求，虚拟局域网是一种简单、经济和安全的方法。

③ 改善网络服务质量。虚拟局域网可以隔离不同的逻辑工作组，将同类的用户控制在一个虚拟局域网中，减少“广播风暴”的危害，有利于改善网络服务质量。

2.1.10 无线局域网

无线局域网（Wireless Local Area Network，WLAN）利用电磁波在空气中发送和接收数据，而不需要线缆介质。

1. 无线局域网特点

无线局域网是对有线连网方式的一种补充和扩展，使网上的计算机具有可移动性，能快速方便地解决使用有线方式不易实现的网络联通问题。

① 安装便捷。无线局域网最大的优势就是免去或减少了网络布线的工作量，一般只要安装一个或多个接入点 AP（Access Point）设备，就可建立覆盖整个建筑或地区的局域网络。

② 使用灵活。在有线网络中，网络设备的安放位置受网络信息点位置的限制。而一旦无线局域网建成后，在无线局域网的信号覆盖区域内，任何一个位置都可以接入网络。

③ 经济节约。有线网络缺少灵活性，这就要求网络规划者尽可能地考虑未来发展的需要，这就往往导致预设大量利用率较低的信息点。一旦网络的发展超出了设计规划，又要花费较多费用进行网络改造，而无线局域网可以避免或减少以上情况的发生。

④ 易于扩展。无线局域网有多种配置方式，能够根据需要灵活选择。这样，无线局域网就能胜任从只有几个用户的小型网络到上千用户的大型网络，并且能够提供“漫游（Roaming）”等有线网络无法提供的特性。

2. 无线局域网标准

目前支持无线局域网的技术标准主要有 IEEE 802.11x 系列标准、家庭网络（Home RF）技术、蓝牙（Bluetooth）技术等。

（1）IEEE 802.11x 系列标准。

IEEE 802.11 是 IEEE 在 1997 年为无线局域网定义的一个无线网络通信的工业标准。此后这一标准又不断得到补充和完善，形成 IEEE 802.11x 的标准系列。IEEE 802.11 标准规定了在物理层上允许 3 种传输技术：红外线、跳频扩频和直接序列扩频。

IEEE 802.11b 即 Wi-Fi，它利用 2.4GHz 的频段，2.4GHz 的 ISM 频段为世界上绝大多数国家通用，因此 IEEE 802.11b 得到了最为广泛的应用。它的最大数据传输速率为 11Mbit/s，无须直线传播。在动态速率转换时，如果射频情况变差，可将数据传输速率降低为 5.5Mbit/s、2Mbit/s 和 1Mbit/s。

IEEE 802.11a（Wi-Fi 2）标准是得到广泛应用的 IEEE 802.11b 标准的后续标准。它工作在 5GHz 频段，传输速率可达 54Mbit/s。由于 IEEE 802.11a 工作在 5GHz 频段，因此它与

IEEE 802.11、IEEE 802.11b 标准不兼容。

IEEE 802.11g（Wi-Fi 3）是为了提高传输速率而制定的标准，它采用 2.4GHz 频段，使用 CCK 技术与 IEEE 802.11b（Wi-Fi）后向兼容，同时通过采用 OFDM（正交频分复用）技术支持高达 54Mbit/s 的数据流。

IEEE 802.11n（Wi-Fi 4）可以将无线局域网的传输速率由目前 IEEE 802.11a 及 IEEE 802.11g 提供的 54Mbit/s，提高到 300Mbit/s，甚至高达 600Mbit/s。得益于将 MIMO（多入多出）与 OFDM 技术相结合而应用的 MIMO-OFDM 技术，提高了无线传输质量，也使传输速率得到极大提升。和以往的 IEEE 802.11 标准不同，IEEE 802.11n 标准为双频工作模式（包含 2.4GHz 和 5GHz 两个工作频段），这样 IEEE 802.11n 保障了与以往的 IEEE 802.11b、IEEE 802.11a、IEEE 802.11g 标准兼容。

IEEE 802.11ac（Wi-Fi 5）标准是在 IEEE 802.11a 标准之上建立起来的，仍然使用 IEEE 802.11a 标准的 5GHz 频段。不过在信道的设置上，IEEE 802.11ac 标准将沿用 IEEE 802.11n 标准的 MIMO 技术。IEEE 802.11ac 标准每条信道的工作频率将由 IEEE 802.11n 标准的 40MHz，提升到 80MHz，甚至 160MHz，加上大约 10% 的实际频率调制效率的提升，最高理论传输速率可达 6.9Gbit/s，足以在一条信道上同时传输多路压缩视频流。

IEEE 于 2019 年发布 IEEE 802.11ax（Wi-Fi 6）无线传输标准，IEEE 802.11ax 又称为“高效率无线标准”（High-Efficiency Wireless，HEW），工作在 2.4GHz 和 5GHz 两个频段，可以提供 4 倍 IEEE 802.11ac 标准的设备终端接入数量，在密集接入场合提供更好的性能，传输速率可达 9.6Gbit/s。

IEEE 802.11x 系列标准的工作频段和最大传输速率如表 2-3 所示。

表 2-3　IEEE 802.11x 系列标准的工作频段和最大传输速率

无线标准	工作频段	最大传输速率
IEEE 802.11	2.4GHz	2Mbit/s
IEEE 802.11b（Wi-Fi）	2.4GHz	11Mbit/s
IEEE 802.11a（Wi-Fi 2）	5GHz	54Mbit/s
IEEE 802.11g（Wi-Fi 3）	2.4GHz	54Mbit/s
IEEE 802.11n（Wi-Fi 4）	2.4GHz 和 5GHz	600Mbit/s
IEEE 802.11ac（Wi-Fi 5）	5GHz	6.9Gbit/s
IEEE 802.11ax（Wi-Fi 6）	2.4GHz 和 5GHz	9.6Gbit/s

（2）家庭网络技术。

家庭网络（Home Radio Frequency，Home RF）技术是一种专门为家庭用户设计的小型无线局域网技术。它是 IEEE 802.11 与 DECT（数字增强无线通信）标准的结合，旨在降低语音数据成本。它应用调频扩频（FHSS）技术，通过家中的一台主机在移动电话和移动数据设备之间实现通信。

Home RF 的工作频率为 2.4GHz。原来最大数据传输速率为 2Mbit/s，2000 年 8 月，美国联邦通信委员会（FCC）批准了 Home RF 的传输速率可以提高到 8Mbit/s ～ 11Mbit/s。Home RF 可以实现最多 5 个设备之间的互联。

（3）蓝牙技术。

蓝牙（Bluetooth）技术实际上是一种短距离无线数字通信的技术标准，工作在 2.45GHz

频段，2021 年 7 月 13 日发布的蓝牙 5.3 版本的最高数据传输速率达到了 48Mbit/s，传输距离通常为 10cm ～ 10m，增加发射功率后，传输距离可达到 300m。蓝牙技术主要应用于手机、笔记本电脑等数字终端设备之间的通信和这些设备与 Internet 的连接。

3. 无线局域网组网模式

无线局域网组网模式主要有两种：一种是无基站的 Ad-Hoc（自组网络）模式；另一种是有固定基站的 Infrastructure（基础结构）模式。

① Ad-Hoc（自组网络）模式。Ad-Hoc 是一种无线对等网络，是最简单的无线局域网结构，是一种无中心拓扑结构，网络连接的计算机具有平等的通信关系，仅适用于较少数（通常小于 5 台）的计算机无线连接。

② Infrastructure（基础结构）模式。Infrastructure 模式有一个中心无线 AP，作为固定基站，所有节点均与中心无线 AP 连接，所有节点对资源的访问由中心无线 AP 统一控制。Infrastructure 模式是无线局域网最为普遍的组网模式，组网后网络性能稳定、可靠，并可连接一定数量的用户；通过中心无线 AP，还可把无线局域网与有线网络连接起来。

4. 服务集标识

服务集标识（Service Set Identifier，SSID）用来区分不同的无线网络，无线网卡设置了不同的 SSID 就可以进入不同网络，只有设置为相同 SSID 的计算机才能互相通信。

2.2 同步练习

2.2.1 判断题

1. 没有网线的计算机不能连入互联网。（ ）
2. 网桥是属于 OSI 参考模型中网络层的互联设备。（ ）
3. 可以根据网卡的 MAC 地址判断安装该网卡的主机所在的网络位置。（ ）
4. 局域网交换机的基本功能与网桥一样，具有帧转发、帧过滤和生成树算法等功能。（ ）
5. 传统的共享信道的以太网可以采用全双工的工作模式。（ ）
6. 在采用 CSMA/CD 的局域网中，节点“冲突”现象是不可避免的。（ ）
7. 虚拟局域网中的工作站可处于不同的局域网中。（ ）
8. 相比于有线网络，无线网络的主要优点是可以摆脱有线的束缚，支持移动性。（ ）

2.2.2 选择题

1. 下列关于以太网的说法，正确的是（ ）。

   A. 以太网的物理拓扑是总线型结构

B．以太网提供有确认的无连接服务

C．以太网参考模型一般只包括物理层和数据链路层

D．以太网必须使用 CSMA/CD 协议

2．在下列以太网中，采用双绞线作为传输介质的是（　　）。

A．10Base-2　　B．10Base-5　　C．10Base-T　　D．10Base-F

3．以太网的 MAC 协议提供的是（　　）。

A．无连接的不可靠服务　　B．无连接的可靠服务

C．有连接的可靠服务　　D．有连接的不可靠服务

4．关于以太网地址的描述，错误的是（　　）。

A．以太网地址就是通常所说的 MAC 地址

B．MAC 地址又称局域网硬件地址

C．MAC 地址是通过域名解析查得的

D．以太网地址通常存储在网卡中

5．在某局域网中，主机 A 发送的一个数据帧目标 MAC 地址为 FF:FF:FF:FF:FF:FF，这种通信属于（　　）。

A．单播　　B．组播　　C．任播　　D．广播

6．如果一台集线器与 6 台计算机相连，那么该集线器包括（　　）。

A．6 个广播域和 1 个冲突域

B．6 个广播域和 6 个冲突域

C．1 个广播域和 6 个冲突域

D．1 个广播域和 1 个冲突域

7．关于二层交换机的叙述，正确的是（　　）。

A．以太网交换机本质上是一种多端口网桥

B．通过交换机互联的一组逻辑工作站构成一个冲突域

C．交换机每个端口所连接的网络构成一个独立的广播域

D．以太网交换机可实现采用不同网络层协议的网络互联

8．以太网交换机进行转发决策时使用的 PDU 地址是（　　）。

A．目的 MAC 地址　　B．目的 IP 地址

C．源 MAC 地址　　D．源 IP 地址

9．交换机收到一个帧，但该帧的目标地址在其 MAC 地址表中找不到对应的，那么交换机将（　　）。

A．丢弃　　B．退回　　C．洪泛　　D．转发给网关

10．由交换机连接的 10Mbit/s 的以太网，若共有 10 个用户，则每个用户能够占有的带宽为（　　）。

A．1Mbit/s　　B．2Mbit/s　　C．10Mbit/s　　D．100Mbit/s

11．关于 CSMA/CD 协议的叙述，错误的是（　　）。

A．CS 就是载波侦听，发送前先检测网络上是否有其他节点发送数据

B．适用于无线网络，以实现无线链路共享

C．CD 就是冲突检测，即边发送边侦听，以便判断自己在发送数据时其他节点是否也在发送数据

D．采用 CSMA/CD 的网络只能进行半双工通信

12．采用 CSMA/CD 技术的以太网上的两台主机同时发送数据，当产生冲突时，（　　）。

A．产生冲突的两台主机停止传输数据，随机等待一段时间后再重新传输

B．产生冲突的两台主机停止传输，启动计时器等待 51.2μs 后再重新传输数据

C．两台主机继续把剩下的数据传输完再停止

D．产生冲突的两台主机重新选择一条空闲的路径进行传输

13．在 CSMA/CD 以太网中，如果有 4 个节点都要发送数据，其中某个节点发现信道空闲，它就立即发送数据，那么（　　）。

A．本次发送不会发生冲突　　B．本次发送必然发生冲突

C．本次发送可能发生冲突　　D．本次发送产生冲突的概率为 0.25

14．下列网络连接设备都工作在数据链路层的是（　　）。

A．中继器和集线器　　B．集线器和网桥

C．网桥和局域网交换机　　D．集线器和局域网交换机

第3章 Internet 基础

3.1 知识点

3.1.1 Internet 的构成

从设计者角度看，Internet 是计算机网络的一个实例；从使用者角度看，Internet 是一个信息资源网。

Internet 主要由以下 4 部分组成。

① 通信线路。Internet 的基础设施包括有线线路和无线线路。

② 路由器（网关）。路由器是网络互联的桥梁，其主要任务是为数据从一个网络传输到另一个网络时选择最佳路由。

③ 服务器与客户机。服务器与客户机是信息资源和服务的载体。所有连接在 Internet 上的计算机统称为主机。

④ 信息资源。信息资源是用户最关注的问题之一。用户方便、快捷地获取资源一直是 Internet 的研究方向。

3.1.2 Internet 的接入

接入 Internet 的方法有很多种，必须借助互联网服务提供商（Internet Service Provider，ISP）将自己的计算机接入 Internet。

1. PSTN 拨号接入

PSTN（Public Switched Telephone Network，公用电话交换网）拨号接入技术是利用 PSTN 通过调制解调器拨号实现用户接入的技术。电话网传输的是音频信号，计算机传输的是数字信号，计算机通过电话网接入Internet需要通过调制解调器。一条电话线只能支持一个用户接入，电话线的传输效率比较低，理论上只能提供33.6kbit/s的上行速率和56kbit/s的下行速率。

调制解调器的功能是将数字信号与模拟信号相互转换。

调制：将数字信号转换为模拟信号。

解调：将模拟信号转换为数字信号。

2. ISDN接入

ISDN（Integrated Services Digital Network，综合业务数字网）接入俗称“一线通”，是普通电话（模拟Modem）拨号接入和宽带接入之间的过渡方式。ISDN的传输是纯数字过程，通信质量较高，ISDN基本速率接口有两条64kbit/s的信息通道B和一条16kbit/s的信令通道D，简称2B+D，其最高数据传输速率为128kbit/s。

3. ADSL接入

ADSL（Asymmetric Digital Subscriber Line，非对称数字线路）接入实现普通电话线路上高速的数据传输，利用ADSL调制解调器，数据传输可分为上行和下行两个通道。上行速率为640kbit/s～1Mbit/s，下行速率为1Mbit/s～8Mbit/s。下行通道的数据传输速率远远大于上行通道的数据传输速率（非对称）。

与普通调制解调器相比，ADSL调制解调器的速率优势非常明显。另外，用普通调制解调器上网还要支付高昂的电话费。而使用ADSL调制解调器上网，数据信号并不通过电话交换机设备，减小了电话交换机的负载，使用ADSL调制解调器上网并不需要缴付另外的电话费，而且ADSL调制解调器一般都采用包月的方式，对于经常上网的人来说更划算。

4. HFC接入

HFC（Hybrid-Fiber-Coaxial network，混合光纤同轴电缆网）采用光纤到服务区，“最后一公里”采用同轴电缆。HFC不仅可以提供原来的有线电视业务，还可以提供语音、数据及其他交互型业务。在HFC上，使用Cable Modem进行数据传输构成宽带接入网。HFC采用非对称数据传输速率，上行速率为10Mbit/s左右，下行速率为10Mbit/s～40Mbit/s。

5. 光纤接入

光纤接入是在接入网中全部或部分采用光纤传输介质，构成光纤用户环路，实现用户高性能宽带接入的一种方案。

光纤接入网的接入方式可分为以下几种。

① 光纤到路边（Fiber To The Curb，FTTC）。

② 光纤到大楼（Fiber To The Building，FTTB）。

③ 光纤到办公室（Fiber To The Office，FTTO）。

④ 光纤到楼层（Fiber To The Floor，FTTF）。

⑤ 光纤到小区（Fiber To The Zone，FTTZ）。

⑥ 光纤到户（Fiber To The Home，FTTH）。

6. 专线接入

广义上专线接入是指通过 DDN、帧中继、X.25、数字专用线路、卫星专线等数据通信线路与 ISP 相连，借助 ISP 与 Internet 骨干网的连接通道访问 Internet 的接入方式。

其中，DDN 专线接入较为常见，应用较广。它利用光纤、数字微波、卫星等数字信道和数字交叉复用节点，可以向用户提供点对点、点对多点透明传输的数据专线出租电路，为用户传输数据、图像、声音等信息。DDN 专线接入的通信速率可根据用户需要在 $N\times 64$kbit/s（N=1 ～ 32）之间进行选择。

3.1.3 IP 协议与网络层服务

只有 TCP/IP 协议允许与 Internet 完全连接。TCP/IP 协议是在 20 世纪 60 年代由麻省理工学院（MIT）和一些商业组织为美国国防部开发的，即便遭到核攻击而破坏了大部分网络，TCP/IP 协议仍然能够维持有效的通信。Internet 是将提供不同服务的、使用不同技术的、具有不同功能的网络互联起来形成的。IP 协议精确定义了 IP 数据报格式，并且对数据寻址和路由、数据报分片和重组、差错控制和处理等做出了具体规定。

1. 网络层的作用

在 OSI 参考模型中，网络层主要有以下 3 个方面的功能。

① 路由选择。在点对点的通信子网中，信息从源节点发出，经过若干个中继节点的存储及转发后，最终到达目的节点。在通常情况下，从源节点到目的节点之间会有多条路径供选择，而网络层的主要任务之一就是选择相应的最佳路径，完成数据的快速传输。

② 拥塞控制。在 OSI 参考模型中，很多个层次都需要考虑流量控制问题，网络层所做的流量控制则是对进入分组交换网的通信量加以一定的限制，以防止通信量过大，从而造成通信子网性能下降，甚至造成网络瘫痪。

③ 网络互联。网络层可以实现不同网络、多个子网和广域网的互联。

2. 网络层所提供的服务

网络层提供的服务有以下 3 种。

① 不可靠的数据投递服务。IP 协议不能证实发送的报文是否被正确接收，即不能保证数据报的可靠投递。

② 面向无连接的传输服务。从源节点到目的节点的数据报可能经过不同的传输路径，而且在传输过程中数据报有可能丢失，也有可能正确到达。

③ 尽最大努力投递服务。IP 数据报虽面向无连接的不可靠服务，但 IP 协议并不随意丢弃数据报。只有在系统资源用尽、接收数据错误或网络发生故障时，IP 协议才被迫丢弃数据报。

3. 基于 IP 协议的互联网的特点

基于 IP 协议的互联网的特点如下。

① 基于 IP 协议的互联网隐藏了低层物理网络细节，为用户提供通用的、一致的网络服务。

② 一个网络只要通过路由器与基于 IP 协议的互联网中任意一个网络相连，就具有访问整个基于 IP 协议的互联网的能力。

③ 信息可以跨网传输。

④ 网络中计算机使用统一的、全局的地址描述法。

⑤ 基于 IP 协议的互联网平等对待其中的每一个网络。

3.1.4 IP 地址

1. IP 地址结构和分类

根据 TCP/IP 协议，连接在 Internet 上的每个设备都必须有一个 IP 地址，它是一个 32 位的二进制数，可以用十进制数形式书写，每 8 个二进制位为一组，用一个十进制数来表示，即 0 ～ 255。每组之间用“.”隔开，如 168.192.43.10。

IP 地址包括网络号和主机号，IP 地址结构如图 3-1 所示，这样做是为了方便寻址。IP 地址中的网络号部分用于标明不同的网络，而主机号部分用于标明每一个网络中的主机地址。IP 地址分类如图 3-2 所示，IP 地址主要分为 A、B、C、D、E 五类。

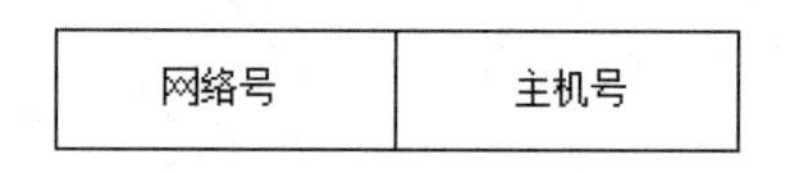

图 3-1　IP 地址结构

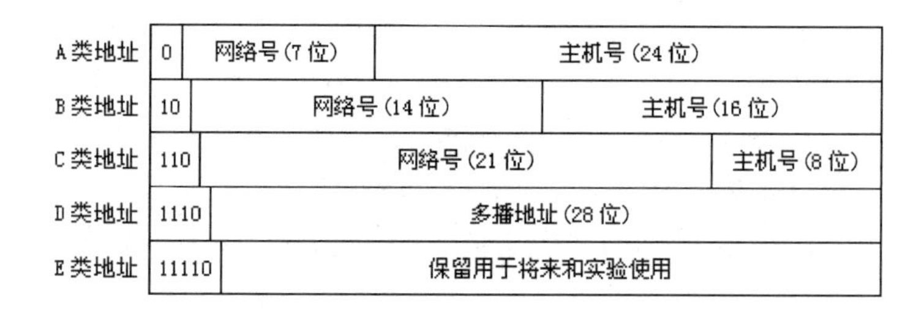

图 3-2　IP 地址分类

① A 类地址。高 8 位代表网络号，后 3 个 8 位代表主机号，网络地址的最高位必须是 0。十进制数的第 1 组数值所表示的网络号范围为 0 ～ 127，由于 0 和 127 有特殊用途，因此，有效的地址范围是 1 ～ 126。每个 A 类网络可连接 16777214（$=2^{24}-2$）台主机。

② B 类地址。前 2 个 8 位代表网络号，后 2 个 8 位代表主机号，网络地址的前 2 位必须是 10。十进制数的第 1 组数值范围为 128 ～ 191。每个 B 类网络可连接 65534（$=2^{16}-2$）台主机。

③ C 类地址。前 3 个 8 位代表网络号，低 8 位代表主机号，网络地址的前 3 位必须是 110。十进制数的第 1 组数值范围为 192 ～ 223。每个 C 类网络可连接 254（$=2^{8}-2$）台主机。

④ D 类地址、E 类地址为特殊地址。D 类地址用于多播传送，十进制数的第 1 组数值范围为 224 ～ 239。E 类地址保留用于将来和实验使用，十进制数的第 1 组数值范围为 240 ～ 247。

2. 特殊 IP 地址

IP 地址空间中的某些地址已经为特殊目的而保留，而且通常并不允许作为主机地址。特殊 IP 地址如表 3-1 所示。

表 3-1　特殊 IP 地址

网　络　号	主　机　号	地址类型	用　　途
Any	全 0	网络地址	代表一个网段
Any	全 1	直接广播地址	特定网段的所有节点
127	Any	回送地址	回送测试
全 0		所有网络	在路由器中作为默认路由
全 1		有限广播地址	本网段的所有节点

① 网络地址。网络地址用于表示网络本身。具有正常的网络号部分，但主机号部分全为 0 的 IP 地址称为网络地址。例如，129.5.0.0 就是一个 B 类网络地址。

② 广播地址。广播地址用于向网络中的所有设备进行广播。具有正常的网络号部分，而主机号部分全为 1（255）的 IP 地址称为直接广播地址。例如，129.5.255.255 就是一个 B 类的直接广播地址。

32 位全为 1（255.255.255.255）的 IP 地址称为有限广播地址，用于本网广播。

③ 回送地址。网络号部分不能以十进制数形式的 127 开头，在地址中数字 127 保留给系统作为诊断使用，这种地址称为回送地址（回环地址）。例如，127.0.0.1 用于回路测试。

④ 私有地址。只能在局域网中使用、不能在 Internet 上使用的 IP 地址称为私有地址。当网络上的公有地址不足时，可以通过网络地址转换（Network Address Translation，NAT）技术，利用少量的公有地址把大量的配有私有地址的计算机连接到公用网络上。

下列地址作为私有地址。

10.0.0.0 ～ 10.255.255.255，表示 1 个 A 类地址。

172.16.0.0 ～ 172.31.255.255，表示 16 个 B 类地址。

192.168.0.0 ～ 192.168.255.255，表示 256 个 C 类地址。

3. 子网掩码

子网掩码用于识别 IP 地址中的网络号和主机号。子网掩码是 32 位二进制数字，在子网掩码中，对应网络号部分用 1 表示，主机号部分用 0 表示。由此可知，A 类网络的默认子网掩码是 255.0.0.0；B 类网络的默认子网掩码是 255.255.0.0；C 类网络的默认子网掩码是 255.255.255.0。还可以用网络前缀法表示子网掩码，即“/< 网络号位数 >”，如 138.96.0.0/16 表示 B 类网络 138.96.0.0 的子网掩码为 255.255.0.0。

通过子网掩码与 IP 地址的按位求“与”操作，屏蔽主机号，可以得到网络号。例如，对于 B 类地址 128.22.25.6，如果子网掩码为 255.255.0.0，按位求“与”后，得到的网络号为 128.22.0.0；如果子网掩码为 255.255.255.0，按位求“与”后，得到的网络号为 128.22.25.0。

4. 子网划分

我们可以发现，在 A 类地址中，每个网络最多可以容纳 16777214（$=2^{24}-2$）台主机；在 B 类地址中，每个网络最多可以容纳 65534（$=2^{16}-2$）台主机。在网络设计中，一个网络内部不可能有这么多台计算机，并且 IPv4 协议面临 IP 地址资源短缺的问题，在这种情况下，可以采取划分子网的办法有效地利用 IP 地址资源。

子网划分是通过借用 IP 地址的若干位主机位来充当子网地址（子网号）从而将原网络划分为若干个子网而实现的，划分子网如图 3-3 所示。当划分子网时，随着子网地址借用主机位数增多，子网的数目随之增加，而每个子网中的可用主机数逐渐减少。

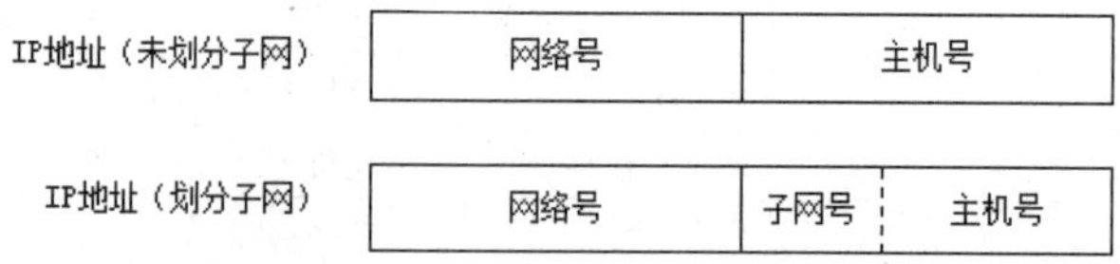

IP地址（未划分子网） | 网络号 | 主机号

IP地址（划分子网） | 网络号 | 子网号 | 主机号

图 3-3　划分子网

以 C 类网络为例，原有 8 位主机位，256（$=2^8$）个主机地址，默认子网掩码为 255.255.255.0。网络管理员可以将这 8 位主机位分成两部分：一部分作为子网标识；另一部分作为主机标识。作为子网标识的位数为 2 ～ 6 位，如果子网标识的位数为 m，则该网络总共可以划分为 2^m-2 个子网（需要注意的是，子网标识不能全为 1，也不能全为 0），与之对应主机标识的位数为 $8-m$，每个子网中可以容纳 $2^{8-m}-2$ 台主机（需要注意的是，主机标识不能全为 1，也不能全为 0）。根据子网标识借用的主机位数，可以计算出划分子网数、子网掩码、每个子网主机数等，如表 3-2 所示。

表 3-2　C 类网络的子网划分

子网位数（m）	划分子网数（2^m-2）	子网掩码（二进制数）	子网掩码（十进制数）	每个子网主机数（$2^{8-m}-2$）
2	2	11111111.11111111.11111111.11000000	255.255.255.192	62
3	6	11111111.11111111.11111111.11100000	255.255.255.224	30
4	14	11111111.11111111.11111111.11110000	255.255.255.240	14
5	30	11111111.11111111.11111111.11111000	255.255.255.248	6
6	62	11111111.11111111.11111111.11111100	255.255.255.252	2

在表 3-2 列举的 C 类网络中，当子网占用 7 位主机位时，主机位只剩 1 位，无论设为 0 还是 1，都意味着主机位全是 0 或全是 1。由于主机位全是 0 表示本网络，全是 1 留作广播地址，这时子网实际上没有可用的主机地址，因此主机位至少应保留 2 位。

5. 地址解析协议

IP 地址屏蔽了物理地址的差异，但不会对物理地址做任何修改。高层软件指定源地址与目的地址，低层的物理网络则通过物理地址来发送和接收信息。

地址解析协议（ARP）是以太网经常使用的映射方法，它充分利用了以太网的广播能力，将 IP 地址与物理地址进行动态绑定。ARP 主要负责将主机的逻辑地址（IP 地址）转换为相应的物理地址（MAC 地址）。这样用户只需给出目的主机的 IP 地址，就可以找出同一物理网络中任意一台主机的物理地址。

3.1.5　IP 数据报格式

IP 数据报分为两大部分：报头区和数据区，其中报头区的内容仅仅是正确传输高层数据而增加的控制信息，数据区包括高层需要传输的数据。

IPv4 数据报格式如图 3-4 所示。

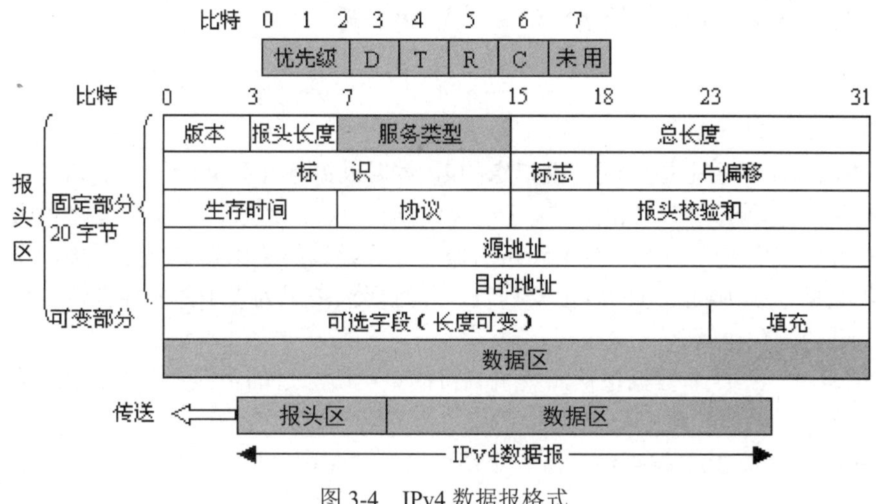

图 3-4 IPv4 数据报格式

1. IPv4 数据报的主要字段

① 版本。占 4 位，指 IP 协议版本号（一般是 4，即 IPv4），不同 IP 版本规定的数据报格式不同。

② 报头长度。占 4 位，指数据报报头的长度。以 32 位（4 字节）为单位，当报头中无可选项时，报头的基本长度为 5（20 字节）。

③ 服务类型。占 8 位，包括一个 3 位长度的优先级，4 个标志位 D（延迟）、T（吞吐量）、R（可靠性）和 C（代价），另外 1 位未用。

④ 总长度。占 16 位，数据报的总长度，包括报头区和数据区，以字节为单位。

⑤ 标识。占 16 位，源主机赋予 IP 数据报的标识符，目的主机利用此标识符判断此分片属于哪个数据报，以便重组。

当 IP 数据报在网上传输时，可能要跨越多个网络，但每个网络都规定了一个数据报最多携带的数据量（此限制称为最大传输单元 MTU），当长度超过 MTU 时，就需要首先将数据报分成若干个较小的部分（分片），然后独立发送。目的主机收到分片后的数据报后，对分片重新组装（重组）。

⑥ 标志。占 3 位，告诉目的主机该数据报是否已经分片，是否是最后的分片。

⑦ 片偏移。占 13 位，本片数据在初始 IP 数据报中的位置，以 8 字节为单位。

⑧ 生存时间（TTL）。占 8 位，设计一个计数器，当计数器值为 0 时，数据报被删除，避免循环发送。

⑨ 协议。占 8 位，指示传输层所采用的协议，如 TCP、UDP 等。

⑩ 报头校验和。占 16 位，只校验数据报的报头，不包括数据部分。

⑪ 源地址和目的地址。各占 32 位的源地址和目的地址分别表示数据报发送者和接收者的 IP 地址，在整个数据报传输过程中，此两字段的值一直保持不变。

⑫ 可选字段（选项）。主要用于控制和测试两大目的。既然是选项，那么用户可以使用 IP 选项，也可以不使用 IP 选项，但实现 IP 协议的设备必须能处理 IP 选项。

⑬ 填充。在使用 IP 选项的过程中，如果 IP 数据报的报头不是 32 位的整数倍，则这时需要使用“填充”字段凑齐。

⑭ 数据区。常包含送往传输层的 TCP 或 UDP 数据。

2. IP 选项

IP 选项主要有以下 3 个。

① 源路由。源路由是指由源主机指定的 IP 数据报穿越互联网所经过的路径。源路由选项包括严格路由选项和松散路由选项。严格路由选项规定 IP 数据报要经过路径上的每一个路由器，相邻的路由器之间不能有中间路由器，并且经过的路由器的顺序不能改变。松散路由选项给出数据报必须要经过的路由器列表，并且要求按照列表中的顺序前进，但是，在途中允许经过其他的路由器。

② 记录路由。记录 IP 数据报从源主机到目的主机所经过的路径上各个路由器的 IP 地址，用于测试网络中路由器的路由配置是否正确。

③ 时间戳。记录 IP 数据报经过每一个路由器时的时间（以 ms 为单位）。

3.1.6 差错与控制报文

1. ICMP 差错控制

网络层使用的控制协议是互联网控制报文协议（ICMP），作用是传输控制报文，而且用于传输差错报文。ICMP 最基本的功能是提供差错报告，但不提供处理方法。

ICMP 差错报文的特点如下。

① 差错报文不享受特别优先权和可靠性。

② 差错报告数据中除包含故障 IP 数据报报头外，还包含故障 IP 数据报数据区的前 64 位数据（利用前 64 位了解高层协议的重要信息）。

③ IP 软件一旦发现传输错误，就首先抛弃差错报文，然后调用 ICMP 向源主机报告差错信息。

④ ICMP 差错报告包括目的地不可达报告、超时报告、参数出错报告等。

目的地不可达报告：当路由选择和转发出错时，路由器发出目的地不可达报告。

超时报告：IP 数据报一旦到达生存周期，就立刻将其抛弃，同时产生超时报告，通知源主机该数据报已被抛弃。

参数出错报告：当参数错误严重到计算机不得不抛弃 IP 数据报时，计算机向源主机发送参数出错报告，指出可能出现错误的参数位置。

2. ICMP 控制报文

ICMP 控制报文包括拥塞控制报文和路由控制报文两部分。

（1）拥塞控制报文。

路由器被大量涌入的 IP 数据报“淹没”的原因有：① 路由器处理速度慢，不能完成 IP 数据报排队等日常工作；② 路由器传入数据速率大于传出数据速率。

为控制拥塞，IP 软件采用“源站抑制”技术，路由器对每个端口进行监视，一旦发现拥塞，就立即向相应源主机发送 ICMP 源抑制报文，请求源主机降低发送 IP 数据报的速率。

发送 ICMP 源抑制报文的方式有 3 种。

① 如果路由器输出队列已满，则在缓冲器空出前，抛弃新来的 IP 数据报，每抛弃一个

数据报，就向源主机发送 ICMP 源抑制报文。

② 为路由队列设定一个阈值，超过该值则向源主机发送 ICMP 源抑制报文。

③ 选择性地抑制 IP 数据报发送率较高的源主机。

关于什么时候解除拥塞，路由器不通知源主机，源主机根据当前一段时间内是否收到 ICMP 源抑制报文自主决定。

（2）路由控制报文。

在 IP 互联网中，主机在传输数据的过程中不断从相邻的路由器获得新的路由信息。主机在启动时都具有一定的路由信息，但路径不一定是最优的。

路由器一旦检测到某 IP 数据报经非优路径传输，它一方面继续将报文转发出去，另一方面向主机发送一个路由控制（重定向）ICMP 报文，通知相应的目的主机的最优路径。

ICMP 重定向的优点是保证主机拥有一个动态的、小且优的路由表。

3. ICMP 请求 / 应答报文对

为便于进行故障诊断和网络控制，利用 ICMP 请求 / 应答报文对来获取某些有用的信息。

① 回应请求与应答：用于测试目的主机或路由器的可达性。请求者向特定目的主机或路由器发送一个包含任选数据区的回应请求，当目的主机或路由器收到回应请求后，返回相应的回应应答。如果请求者收到一个成功的回应应答，说明路径及数据传输正常。

② 时间戳请求与应答：利用时间戳请求与应答从其他机器获得其时钟的当前时间，经估算后再同步时钟。

③ 掩码请求与应答：主机向路由器发送该请求，路由器发回应答告知主机的子网掩码。

3.1.7 路由表与路由选择

1. 基于表驱动的路由选择

在互联网中，需要进行路由选择的设备一般采用基于表驱动的路由选择算法。每台路由设备保存一张 IP 路由表，该表存储着有关可能的目的地址和怎样到达目的地址的信息。在需要传送数据时，路由设备就查询 IP 路由表，决定把数据发往何处。

（1）标准路由选择算法。

由于 IP 地址可分为网络号和主机号两部分，而连接到同一个网络的所有主机有相同的网络号，因此，可以把有关特定主机的信息与它所在的网络环境隔离开来，IP 路由表中仅保存相关的网络信息，这样既可减小路由表的长度，又可提高路由算法的效率。

一个标准的路由表通常包含许多 (N,R) 对序偶，其中 N 表示目的网络，R 表示到目的网络 N 的路径上的“下一站”路由器的 IP 地址。路由器 R 中的路由表仅仅指定了从路由器 R 到目的网络路径上的一步，而路由器并不知道到达目的网络的完整路径。

图 3-5 给出了一个简单的网络互联结构，表 3-3 所示为路由器 R 的路由表。

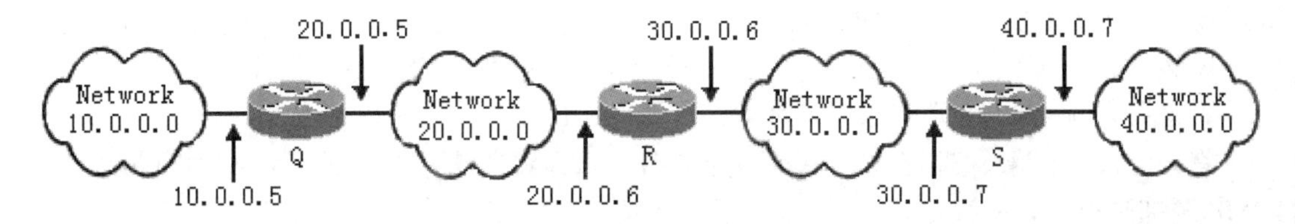

图 3-5　一个简单的网络互联结构

表 3-3　路由器 R 的路由表

要到达的网络	下一个路由器	要到达的网络	下一个路由器
20.0.0.0	直接投递	10.0.0.0	20.0.0.5
30.0.0.0	直接投递	40.0.0.0	30.0.0.7

在图 3-5 中，网络 20.0.0.0 和网络 30.0.0.0 都与路由器 R 直接相连，路由器 R 如果收到目的 IP 地址的网络号为 20.0.0.0 或 30.0.0.0 的数据包，那么，路由器 R 就可以将该数据包直接传送给目的主机。如果收到目的 IP 地址的网络号为 10.0.0.0 的数据包，那么，路由器 R 就需要将该数据包传送给与其直接相连的另一个路由器 Q，由路由器 Q 再次投递该数据包。同理，如果收到目的 IP 地址的网络号为 40.0.0.0 的数据包，那么，路由器 R 就需要将该数据包传送给路由器 S。

（2）路由表的特殊路由。

使用网络地址可以极大缩小路由表规模，路由表可包含两种特殊的路由表目，即默认路由和特定主机路由。

① 默认路由：如果路由表没有指定到达目的网络的路由信息，就可以把数据包转发到默认路由指定的路由器。

② 特定主机路由：主要表项（包括默认路由）是基于网络地址的。为单台主机指定特别的路径就是特定主机路由。

2. 路由表的建立与刷新

路由选择的正确与否依赖于路由表的正确与否。路由分为静态路由和动态路由两种。

（1）静态路由。

静态路由表由人工管理，一般情况下不会发生变化，但当连接或拓扑结构变化时，网络管理员必须人工对静态路由表进行更新。

优点：安全可靠，简单直观；缺点：一旦路径错误，路由表的配置比较麻烦。

（2）动态路由。

动态路由通过自身学习自动修改和刷新路由表。动态路由适应拓扑结构复杂、规模庞大的网络环境。

为了区分速度快慢、延迟的时间长短等，修改和刷新路径时需要给每条路径生成一个数字，该数字称为度量值。度量值越小，路径越好。

度量值的特征如下。

① 跳数：到达目的地经过的路由器的个数。

② 带宽：链路的数据传输能力。

③ 延迟：数据从源到目的地经过的时间。

④ 负载：网络信息流的活动数量。

⑤ 可靠性：数据传输过程中的差错率。

⑥ 开销：一个变化值，可根据带宽、建设费用、维护费用等因素确定。

动态路由虽然适应复杂网络，但修改和刷新路由表本身需要消耗资源。

目前，应用比较广泛的动态路由协议主要有路由信息协议（RIP）和开放式最短路径优先协议（OSPF）。RIP 协议采用距离矢量路由算法，OSPF 协议则采用链路状态路由算法。

3. 距离矢量路由算法与 RIP 协议

距离矢量路由算法的基本思想是：路由器周期性地向其相邻路由器广播自己知道的路由信息，用于通知相邻路由器自己可以到达的网络及到达该网络的距离（通常用“跳数”表示），相邻路由器可以根据收到的路由信息修改和刷新自己的路由表。

距离矢量路由算法示例如图 3-6 所示，路由器 R 向相邻的路由器（如路由器 S）广播自己的路由信息，通知路由器 S 自己可以到达网络 20.0.0.0、网络 30.0.0.0 和网络 10.0.0.0。由于路由器 R 传来的路由信息中包含了两条路由器 S 不知道的路由信息（到达网络 20.0.0.0 和网络 10.0.0.0 的路由），于是路由器 S 将到达网络 20.0.0.0 和网络 10.0.0.0 的路由信息加入自己的路由表中，并将“下一站”指定为路由器 R。也就是说，如果路由器 S 收到目的 IP 地址的网络号为 20.0.0.0 或 10.0.0.0 的数据包，那么它将转发给路由器 R，由路由器 R 进行再次投递。由于路由器 R 到达网络 20.0.0.0 和网络 10.0.0.0 的距离分别为 0 和 1，因此，路由器 S 通过路由器 R 到达这两个网络的距离分别为 1 和 2。

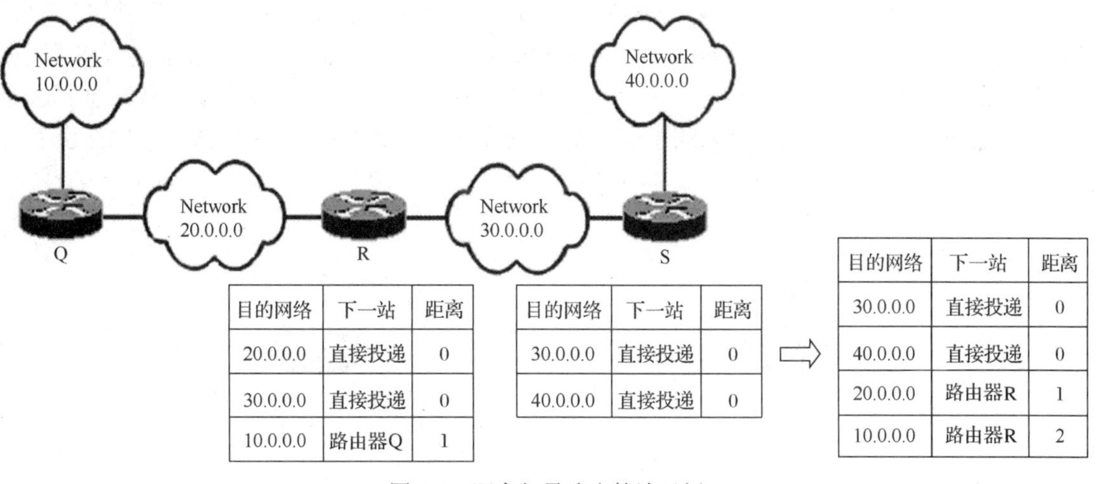

目的网络	下一站	距离
20.0.0.0	直接投递	0
30.0.0.0	直接投递	0
10.0.0.0	路由器Q	1

目的网络	下一站	距离
30.0.0.0	直接投递	0
40.0.0.0	直接投递	0

目的网络	下一站	距离
30.0.0.0	直接投递	0
40.0.0.0	直接投递	0
20.0.0.0	路由器R	1
10.0.0.0	路由器R	2

图 3-6　距离矢量路由算法示例

距离矢量路由算法的最大优点是算法简单、易于实现。但是，路由器的路径变化需要像波浪一样从相邻路由器传播出去，传播过程非常缓慢，有可能造成慢收敛等问题，因此，它不适合应用于路由经常变化的或大型的互联网网络环境。另外，距离矢量路由算法要求互联网中的每个路由器都参与路由信息的交换和计算，而且交换的路由信息需要与自己的路由表的大小几乎一样，因此，需要交换的信息量较大。

RIP 协议是距离矢量路由算法在局域网上的直接实现。它规定了路由器之间交换路由信息的时间、格式及错误如何处理等内容。

RIP 协议通过广播 UDP 报文来交换路由信息，每 30s 发送一次路由更新信息。RIP 协议用跳数作为尺度来衡量路由距离，跳数是一个数据包到达目的网络所必须经过的路由器的数目。如果到相同目的网络有两个不等速或不同带宽的路由器，但跳数相同，则 RIP 协议认为这两条路由是等距离的。RIP 协议最多支持的跳数为 15 跳，即在源和目的网络之间所要经过的最多路由器的数目为 15 个，跳数 16 表示不可到达。

RIP 协议除严格遵守距离矢量路由算法进行路由广播与刷新外，在具体实现过程中还做了某些改进，主要包括如下两个方面。

① 对相同开销路由的处理。按先入为主的原则处理。

② 对过时路由的处理。一条路由只在出现一条更优路由时才被刷新，否则继续保留在路由表中，直到规定的计时器超时。

4. 链路状态路由算法与 OSPF 协议

链路状态（Link Status，LS）路由算法也称为最短路径优先（Shortest Path First，SPF）算法，其基本思想是：互联网上的每个路由器周期性地向其他所有路由器广播自己与相邻路由器的连接关系，以使各个路由器都可以“画”出一张互联网拓扑结构图，利用这张图和最短路径优先算法，路由器就可以计算出自己到达各个网络的最短路径。

建立路由器的邻接关系如图 3-7 所示，路由器 R1、R2、R3 首先向其他路由器（R1 向 R2 和 R3，R2 向 R1 和 R3，R3 向 R1 和 R2）广播报文，通知其他路由器自己与相邻路由器的关系（例如，R2 向 R1 和 R3 广播自己与 e4 相连，并通过 e2 与 R1 相连）。利用其他路由器广播的信息，每个路由器都可以形成一个由点和线相互连接而成的抽象拓扑结构图（图 3-8 给出了路由器 R1 形成的抽象拓扑结构图）。一旦得到这张拓扑结构图，路由器就可以按照最短路径优先算法计算出以本路由器为根的 SPF 树（图 3-8 显示了以 R1 为根的 SPF 树）。这棵树描述了该路由器（R1）到达每个网络（e1、e2、e3 和 e4）的路径和距离。通过这棵 SPF 树，路由器就可以生成自己的路由表（图 3-8 显示了路由器 R1 按照 SPF 树生成的路由表）。

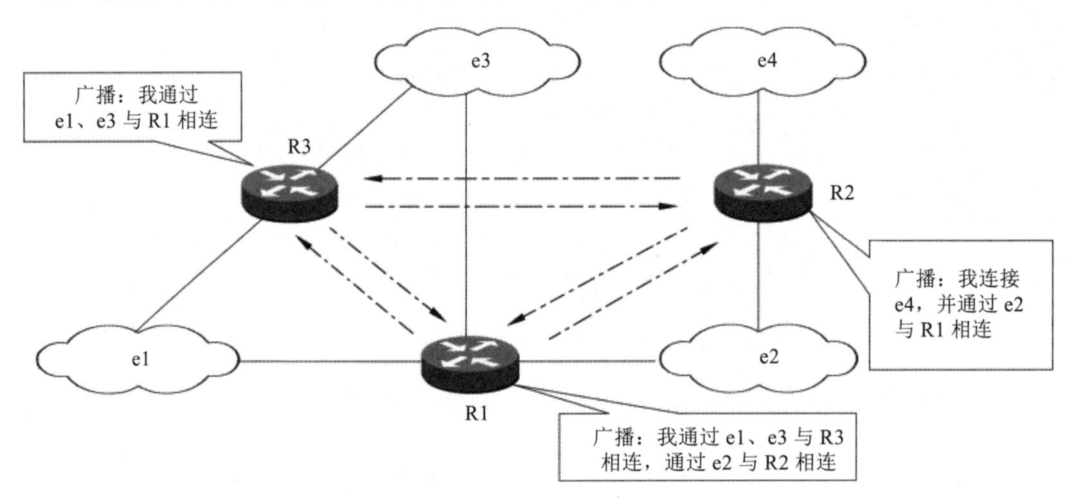

图 3-7　建立路由器的邻接关系

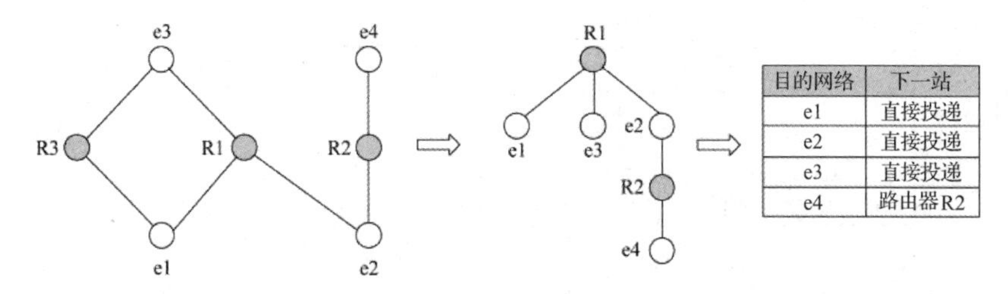

目的网络	下一站
e1	直接投递
e2	直接投递
e3	直接投递
e4	路由器 R2

图 3-8 路由器 R1 利用网络拓扑结构图计算路由

从以上介绍可以看出，链路状态路由算法不同于距离矢量路由算法。距离矢量路由算法并不需要路由器了解整个互联网的拓扑结构，它通过相邻路由器了解到达每个网络的可能路径；而链路状态路由算法依赖于整个互联网的拓扑结构，利用拓扑结构图得到 SPF 树，由 SPF 树生成路由表。

以链路状态路由算法为基础的 OSPF 协议具有速度快、支持服务类型选路、提供负载均衡和身份认证功能等特点，十分适合在规模庞大、环境复杂的互联网中使用。

但是，OSPF 协议存在一些不足，主要包括以下两个方面。

① 要求有较高的路由器处理能力。与 RIP 协议不同，OSPF 协议要求路由器保存整个互联网的拓扑结构、相邻路由器的状态等众多的路由信息，并且利用比较复杂的算法生成路由表。网络规模越大，对内存和 CPU 的处理能力要求越高。

② 要求有一定的带宽。为得到相邻路由器的信息，路由器要不断发送和应答查询信息，需要有一定的带宽。

静态路由一般适应小型网络，RIP 协议适应小型和中型网络，而 OSPF 协议适应大型、多路径、动态的 IP 网络。

3.1.8 TCP 与 UDP

TCP（Transmission Control Protocol，传输控制协议）和 UDP（User Datagram Protocol，用户数据报协议）是传输层中最重要的两个协议。TCP 提供 IP 环境下的数据可靠传输，它提供的服务包括数据流传送、可靠性、流量控制、全双工操作和多路复用，是一种面向连接的、端到端的、可靠的数据报传送协议，可将一台主机的字节流无差错地传送到目的主机。通俗地说，TCP 事先为所发送的数据开辟出连接好的通道，再进行数据发送。而 UDP 不为 IP 环境提供可靠性、流量控制或差错恢复功能，它是不可靠的无连接协议，不要求分组顺序到达目的地。一般来说，TCP 对应的是可靠性要求高的应用，UDP 对应的则是可靠性要求低、传输经济的应用。TCP 支持的应用层协议主要有 Telnet、FTP、SMTP 等；UDP 支持的应用层协议主要有 NFS、DNS、SNMP（Simple Network Management Protocol，简单网络管理协议）、TFTP（Trivial File Transfer Protocol，通用文件传输协议）等。

在 TCP/IP 体系中，由于 IP 协议是无连接的，因此数据要经过若干个点到点连接，不知会在什么地方存储延迟一段时间，也不知是否会突然出现。TCP 要解决的关键问题就在于此，TCP 采用的三次握手机制、滑动窗口协议、确认与重传机制都与此有关。

1. TCP 报文段的格式

TCP 的协议数据单元被称为报文段（Segment），TCP 报文段的格式如图 3-9 所示。

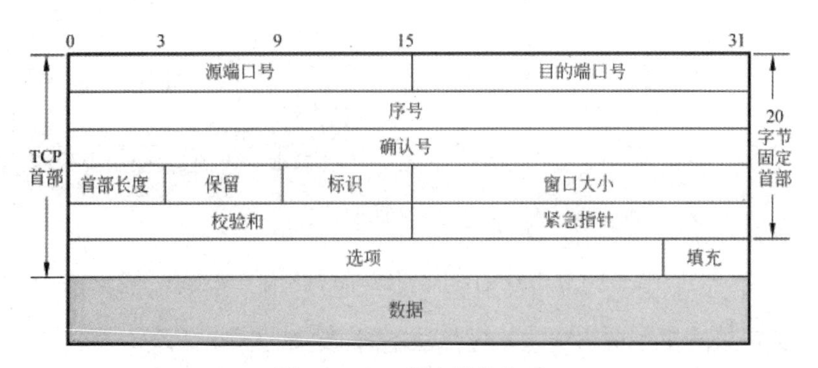

图 3-9　TCP 报文段的格式

各字段的含义如下。

（1）源端口号和目的端口号。各占 16 位，标识发送端和接收端的应用进程。这两个值加上 IP 首部中的源 IP 地址和目的 IP 地址，唯一地确定了一个连接。端口号小于 1024 的端口被称为知名端口（Well-Known Port），它们被保留用于一些标准的服务。

（2）序号。占 32 位，所发送的消息的第一字节的序号，用以标识从 TCP 发送端向 TCP 接收端发送的数据字节流。

（3）确认号。占 32 位，期望收到对方的下一个消息的第一字节的序号，是确认的一端所期望接收的下一个序号。只有当“标识”字段中的 ACK 位设置为 1 时，此序号才有效。

（4）首部长度。占 4 位，以 32 位为计量单位的 TCP 报文段首部的长度。

（5）保留。占 6 位，为将来的应用而保留，目前置为“0”。

（6）标识。占 6 位，有 6 个标识位（以下是设置为 1 时的意义，为 0 时相反）。

① 紧急位（URG）：紧急指针有效。

② 确认位（ACK）：确认号有效。

③ 急迫位（PSH）：接收端收到数据后，立即送往应用程序。

④ 复位位（RST）：复位由于主机崩溃或其他原因而出现的错误的连接。

⑤ 同步位（SYN）：SYN ＝ 1，ACK ＝ 0 表示连接请求的消息（第一次握手）；SYN=1，ACK=1 表示同意建立连接的消息（第二次握手）；SYN=0，ACK=1 表示收到同意建立连接的消息（第三次握手）。

⑥ 终止位（FIN）：表示数据已发送完毕，要求释放连接。

（7）窗口大小。占 16 位，滑动窗口协议中的窗口大小。

（8）校验和。占 16 位，对 TCP 报文段首部和 TCP 数据部分的校验。

（9）紧急指针。占 16 位，当前序号到紧急数据位置的偏移量。

（10）选项。用于提供一种增加额外设置的方法，如连接建立时，双方说明最大的负载能力。

（11）填充。当“选项”字段长度不足 32 位时，需要加以填充。

（12）数据。来自高层（应用层）的协议数据。

2. 三次握手机制

TCP/IP 协议在实现端到端的连接时使用了三次握手机制。按一般的想法，连接的建立只需要经过“客户端请求”“服务器端指示”“服务器端响应”“客户端确认”，2 次握手 4 个步骤就可以了，如图 3-10 所示。

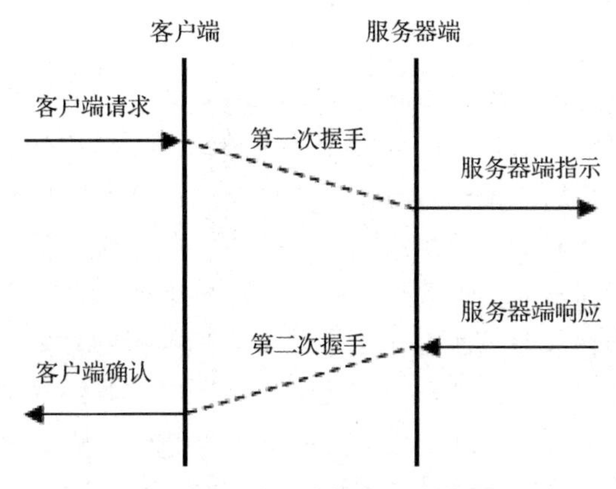

图 3-10　建立连接的理论过程

然而，问题并非如此简单。因为通信子网并不总是那么理想，不能保证分组及时地传到目的地。假如分组丢失，通常使用超时重传机制解决此问题。客户端在发出一个连接请求时，同时启动一个计时器，一旦计时器超时，客户端就再次发起连接请求并再次启动计时器，直到成功建立连接，或者重传次数达到一定值时，才认为连接不可建立而放弃。

最难解决的问题是请求根本没有丢失，而是在通信子网中被存储起来，过一段时间后又突然出现在服务器端，即所谓的延迟重复问题。延迟重复会导致重复连接和重复处理，这在很多应用系统（如订票、银行系统）中是绝对不能出现的。

三次握手机制就是为了消除延迟重复问题而提出的。三次握手机制首先要求对本次连接的所有报文进行编号，取一个随机值作为初始序号。由于序号域足够长，因此可以保证序号循环一周时使用同一序号的旧报文早已传输完毕，网络上也就不会出现关于同一连接、同一序号的两个不同报文。在三次握手机制的第一次握手中，A 机向 B 机发出连接请求（CR），其中包含 A 机端的初始报文序号（如 X）；第二次握手，B 机收到 CR 后，发回连接确认（CC）消息，其中包含 B 机端的初始报文序号（如 Y），以及 B 机对 A 机初始报文序号 X 的确认；第三次握手，A 机向 B 机发送 X+1 序号数据，其中包含对 B 机初始报文序号 Y 的确认。三次握手过程如图 3-11 所示。

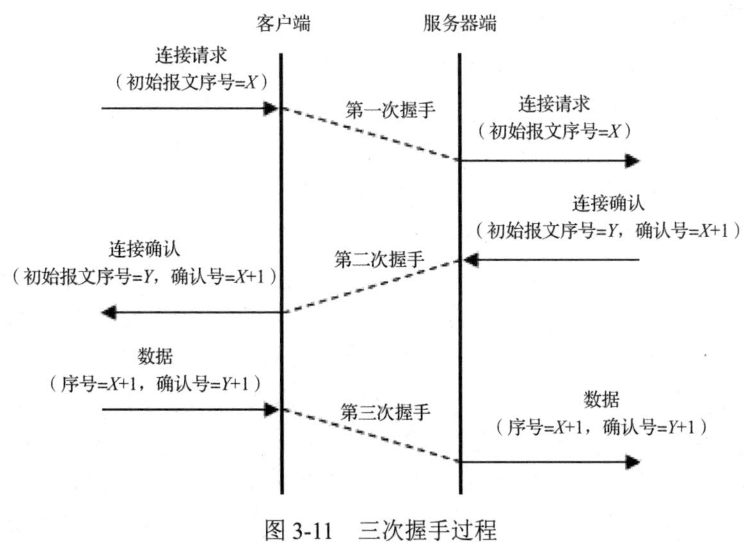

图 3-11　三次握手过程

3. 滑动窗口协议

在面向连接的传输过程中，发送端每发出一个数据包都需要得到接收端的确认。那么关于面向连接数据传输的最简单协议是：每发出一个数据包，等待确认；收到确认后，发送下一个数据包。这就是最简单的停止等待协议，其最大的缺点就是效率太低。

与上述停止等待协议相对的一个极端情况是无确认数据包传输。发送端可以一直向网络注入数据而不管网络是否拥塞，接收端是否收到。当然这种方式的可靠性很难保证。

TCP 采用的滑动窗口协议是一种介于上述两者之间的折中方案，既可充分利用连接所提供的网络能力，又能保证可靠性。滑动窗口内含一组顺序排列的报文序号。在发送端，窗口内的报文序号对应的报文是可以连续发送的。各报文按序发送出去，但确认不一定按序返回。一旦窗口内的前面部分的报文得到确认，则窗口向前滑动相应位置，落入窗口内的后续报文又可以连续发送。一个窗口大小为 4 的发送端滑动窗口如图 3-12 所示。

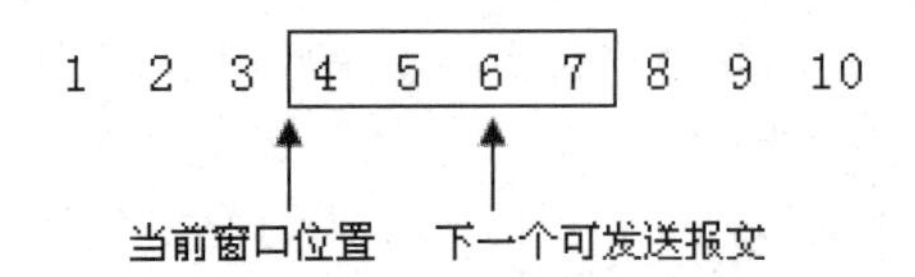

图 3-12 一个窗口大小为 4 的发送端滑动窗口

其中，报文 1、报文 2、报文 3 已发送且确认；报文 4、报文 5 已发送，但至少报文 4 未确认。假如报文 5 先确认，报文 4 后确认，后面的报文还未确认，则窗口一次向前滑动两个位置，报文 8、报文 9 落入窗口内，此时报文 6、报文 7、报文 8、报文 9 可连续发送。报文 4 确认之前，窗口是不能滑动的，报文 4 确认后，窗口立即滑动。

在接收端，窗口内的序号对应于允许接收的报文。窗口前面的报文是已收到且已发回确认的报文，是不允许再次接收的，窗口后面的报文要等待窗口滑动后才能接收。

滑动窗口协议的一个重要用途是流量控制，网关和接收端可以通过某种方式（如 ICMP）通知发送端改变其窗口大小，以限制发送端报文注入网络的速度，达到流量控制的目的。

4. 确认与重传机制

TCP 保证数据有效性的重要措施是确认与重传机制。TCP 建立在一个不可靠的虚拟通信系统上，数据丢失的问题可能经常发生，一般发送端利用重传技术补偿数据包的丢失，需要通信双方协同解决。当接收端正确接收数据包时，要回复一个确认信息给发送端；而发送端发送数据时要启动一个计时器，在计时器超时之前，如果没有收到确认信息，则重新发送该数据。图 3-13 说明了 TCP 的确认与重传机制。

TCP 数据流的特点是无结构的字节流，流中的数据是由一个个字节构成的序列，而无任何可供解释的结构，这一特点在 TCP 的基本传输单元（报文段）中体现为报文段不定长。可变长 TCP 报文段给确认与重传机制带来的结果是所谓的“累计确认”。TCP 确认针对流中的字节，而不是报文段。接收端确认已正确收到的、最长的、连续的流前部，每个确认指出下一个希望接收的字节（比流前部字节数大 1 的位置）。

在确认与重传机制中，计时器初值的设定显得尤为重要。在互联网中，要确定合适的计时器初值是一件相当困难的事情。从发出数据到收到确认所需的往返时间是动态变化的，很难把握。为适应上述情况，TCP 采用一种自适应重传算法，其基本思想是：TCP 监视每一条连接的性能，由此推算出合适的计时器初值，当连接性能发生变化时，TCP 随即改变计时器初值。

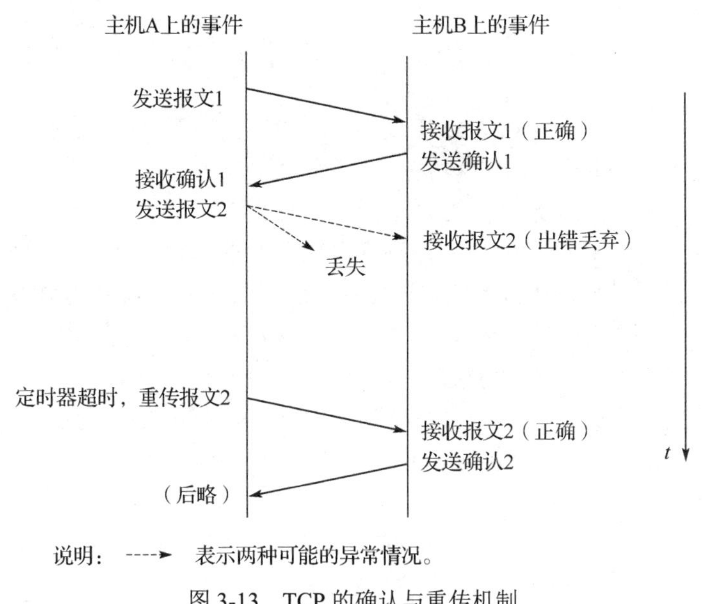

图 3-13　TCP 的确认与重传机制

5. UDP 报文格式

UDP 报文格式如图 3-14 所示。

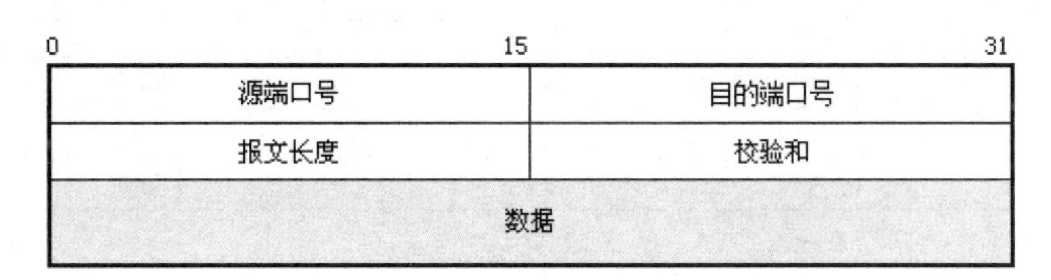

图 3-14　UDP 报文格式

（1）源端口号和目的端口号。标识发送端和接收端的应用进程。

（2）报文长度。包括 UDP 报头和数据在内的报文长度值，以字节为单位，最小为 8 字节。

（3）校验和。计算对象包括伪协议头、UDP 报头和数据。校验和为可选字段，如果该字段设置为 0，则表示发送端没有为该 UDP 报文提供校验和。伪协议头主要包括源 IP 地址、目的 IP 地址、协议号和 UDP 报文长度等来自 IP 报头的字段，对其进行校验主要是为了检验 UDP 报文是否正确传输到了目的地。

UDP 建立在 IP 协议之上，同 IP 协议一样，提供无连接的数据传输服务。相对于 IP 协议，UDP 唯一增加的功能是提供协议端口，以保证进程通信。

许多基于 UDP 的应用程序在高可靠性、低延迟的局域网上运行很好，而一旦到了通信子网 QoS（服务质量）很低的互联网中，可能根本不能运行，原因就在于 UDP 不可靠，而这些程序本身又没有做可靠性处理。因此，基于 UDP 的应用程序在不可靠通信子网上必须自己解决可靠性（如报文丢失、重复、失序和流量控制等）问题。

既然 UDP 如此不可靠，为何 TCP/IP 还要采纳它？最主要的原因是 UDP 的效率高。在实际应用中，UDP 往往面向只需少量报文交互的应用，假如为此而建立连接和撤除连接，开销是相当大的。在这种情况下，使用 UDP 就很有效了，即使因报文损失而重传一次，其开销也比面向连接的传输要小。

6. TCP/UDP 端口

TCP 和 UDP 都是传输层协议，是 IP 协议与应用层协议之间的处理接口。TCP 和 UDP 的端口号被设计用来区分运行在单个设备上的多个应用程序。

因为在同一台计算机上可能会运行多个网络应用程序，所以计算机需要确保目的计算机上接收源主机数据包的软件应用程序的正确性，以及确保响应能被发送到源主机的正确应用程序上。该过程正是通过使用 TCP 或 UDP 端口号来实现的。在 TCP 和 UDP 报文的头部中，有“源端口号”和“目的端口号”字段，主要用于显示发送和接收过程中的身份识别信息。IP 地址和端口号合在一起被称为“套接字”。

IETF IANA 定义了 3 种端口：知名端口（Well-Known Port）、注册端口（Registered Port）及动态和 / 或私有端口（Dynamic and/or Private Port）。

① 知名端口的端口号范围为 0 ～ 1023。

② 注册端口的端口号范围为 1024 ～ 49151。

③ 动态和 / 或私有端口的端口号范围为 49152 ～ 65535。

常用的 TCP/UDP 端口号如表 3-4 所示。

管理好端口号对于保证网络安全有着非常重要的意义，黑客往往通过探测目的主机开启的端口号进行攻击。所以，对那些没有用到的端口号，最好将它们关闭。

表 3-4　常用的 TCP/UDP 端口号

TCP 端口号		UDP 端口号	
端　口　号	服　　务	端　口　号	服　　务
0	保留	0	保留
20	FTP-data	49	Login
21	FTP-command	53	DNS
23	Telnet	69	TFTP
25	SMTP	80	HTTP（WWW）
53	DNS	88	Kerberos
79	Finger	110	POP3
80	HTTP（WWW）	161	SNMP
88	Kerberos	213	IPX
139	NetBIOS	2049	NFS
443	HTTPS	443	HTTPS

3.1.9　网络地址转换

网络地址转换（Network Address Translation，NAT）属于接入广域网技术，是一种将私有 IP 地址（保留）转换成公有 IP 地址的转换技术，被广泛应用于各种类型的 Internet 接入方式和各种类型的网络中。原因很简单，NAT 不仅完美地解决了 IP 地址不足的问题，还能够有效地避免来自外部网络的攻击，隐藏并保护内部网络的计算机。

虽然 NAT 可以借助于某些代理服务器来实现，但考虑到运算成本和网络性能，有时候是在路由器或防火墙上来实现的。

NAT 的工作过程主要有以下 4 步。

（1）客户机将数据包发送给运行 NAT 的计算机。

（2）NAT 首先将数据包中的端口号和私有 IP 地址转换成它自己的端口号和公有 IP 地址，然后将数据包发送给外部网络的目的主机，同时记录一个跟踪信息在映像表中，以便向客户机回送应答信息。

（3）外部网络发送应答信息给 NAT。

（4）NAT 将收到的数据包的端口号和公有 IP 地址转换成客户机的端口号和内部网络使用的私有 IP 地址并转发给客户机。

以上步骤对于内部网络的客户机和外部网络的主机都是透明的，对它们来说，就如同直接通信一样。NAT 的工作过程如图 3-15 所示。

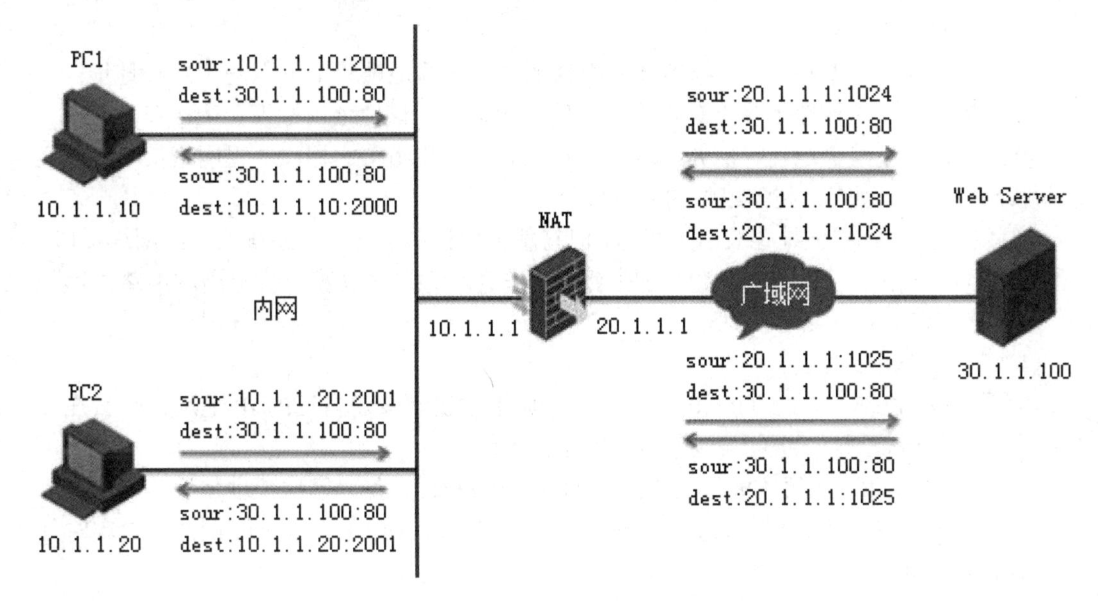

图 3-15　NAT 的工作过程

3.1.10　IPv6

IPv4 定义 IP 地址的长度为 32 位，互联网上的每台主机至少分配了 1 个 IP 地址，同时为提高路由效率将 IP 地址进行了分类，造成了 IP 地址的浪费。网络用户和节点的增长不仅导致 IP 地址的短缺，还导致路由表的迅速膨胀。

针对 IPv4 的不足，互联网工程任务组（Internet Engineering Task Force，IETF）的 IPng 工作组在 1994 年 9 月提出了一个正式的草案 *The Recommendation for the IP Next Generation Protocol*，1995 年年底确定了 IPng 的协议规范，并称为 IP 版本 6（IPv6），以与 IP 版本 4（IPv4）相区别。

1. IPv6 地址

（1）IPv6 地址表示。

IPv6 地址采用 128 位二进制数，其表示格式有以下几种。

① 首选格式：按 16 位一组，每组转换为 4 位十六进制数，并用冒号隔开。例如，21DA:0000:0000:0000:02AA:000F:FE08:9C5A。

② 压缩表示：一组中的前导 0 可以不写；在有多个 0 连续出现时，可以用一对冒号取代，且只能取代一次，如上面地址可表示为 21DA:0:0:0:2AA:F:FE08:9C5A 或 21DA::2AA:F:FE08:9C5A。

③ 内嵌 IPv4 地址的 IPv6 地址：为了从 IPv4 平稳过渡到 IPv6，IPv6 引入一种特殊的地址格式，即在 IPv4 地址前置 96 个 0，保留十进制点分格式，如 ::192.168.0.1。

（2）IPv6 掩码。

与无类域间路由（CIDR）类似，IPv6 掩码采用前缀表示法，即表示成“IPv6 地址 / 前缀长度”，如 21DA::2AA:F:FE08:9C5A/64。

（3）IPv6 地址类型。

IPv6 地址有 3 种类型，即单播地址、组播地址和任播地址。IPv6 取消了广播地址。

① 单播地址。单播地址是点对点通信时使用的地址，该地址仅标识一个接口。

② 组播地址。组播地址（前 8 位均为“1”）表示主机组，它标识一组网络接口，发送给组播地址的分组必须交付到该组中的所有成员。

③ 任播地址。任播地址也表示主机组，但它用于标识属于同一个系统的一组网络接口（通常属于不同的节点），路由器会将目的地址是任播地址的数据包发送给距离本地路由器最近的一个网络接口。

（4）特殊 IPv6 地址。

当所有 128 位都为 0 时（0:0:0:0:0:0:0:0），如果主机不知道自己的 IP 地址，那么在发送查询报文时用作源地址。注意该地址不能用作目的地址。

当前 127 位为 0，而第 128 位为 1 时（0:0:0:0:0:0:0:1），作为回送地址使用。

当前 96 位为 0，而后 32 位为 IPv4 地址时，用作在 IPv4 向 IPv6 过渡期两者兼容时使用的内嵌 IPv4 地址的 IPv6 地址。

2. IPv6 的数据报格式

IPv6 的数据报由一个 IPv6 的基本报头、多个扩展报头和一个高层协议数据单元组成。基本报头长度为 40 字节。一些可选的内容放在扩展报头部分实现，此种设计方法可提高数据报的处理效率。IPv6 数据报格式对 IPv4 不向下兼容。

IPv6 数据报格式如图 3-16 所示。

IPv6 数据报的主要字段如下。

（1）版本。占 4 位，取值为 6，意思是 IPv6 协议。

（2）通信流类别。占 8 位，表示 IPv6 的数据报类型或优先级，以提供区分服务。

（3）流标签。占 20 位，用来标识这个 IP 数据报属于源节点和目的节点之间的一个特定数据报序列。流是指从某个源节点向目的节点发送的分组群中，源节点要求中间路由器进行特殊处理的分组。

（4）有效载荷长度。占 16 位，是指除基本报头外的数据，包含扩展报头和高层协议数据单元。

（5）下一个报头。占 8 位，如果存在扩展报头，则该域段的值指明下一个扩展报头的类型；如果无扩展报头，则该域段的值指明高层协议数据单元的类型，如 TCP（6）、UDP（17）等。

（6）跳数限制。占 8 位，指 IP 数据报丢弃之前可以被路由器转发的次数。

（7）源地址。占 128 位，指发送端的 IPv6 地址。

（8）目的地址。占 128 位，在大多情况下，该域段为最终目的节点的 IPv6 地址，如果有路由扩展报头，则目的地址可能为下一个转发路由器的 IPv6 地址。

（9）IPv6 扩展报头。扩展报头是可选报头，紧接在基本报头之后，IPv6 数据报可包含多个扩展报头，而且扩展报头的长度并不固定，IPv6 扩展报头代替了 IPv4 报头中的选项字段。

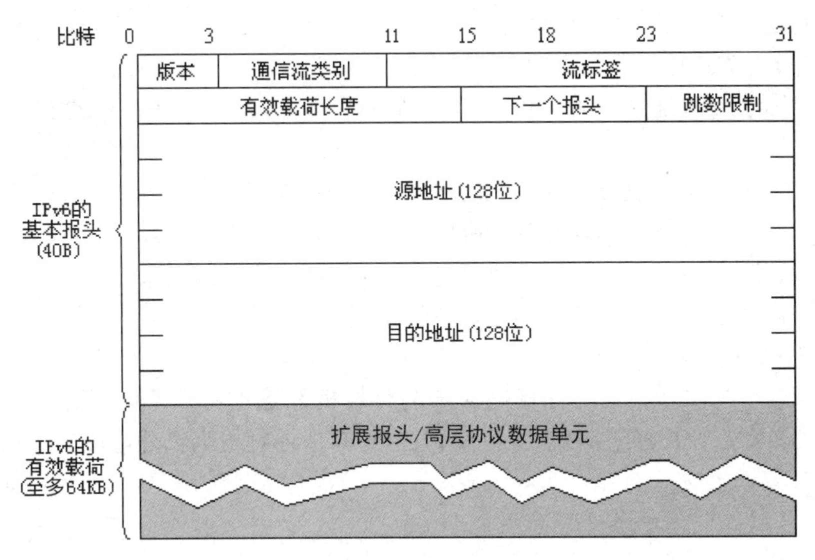

图 3-16　IPv6 数据报格式

IPv6 的基本报头为固定 40 字节长，一些可选报头信息由 IPv6 扩展报头实现。IPv6 的基本报头中“下一个报头”字段指出第一个扩展报头类型。每个扩展报头中都包含“下一个报头”字段用以指出后继扩展报头类型。最后一个扩展报头中的“下一个报头”字段指出高层协议的类型。

扩展报头包含的内容如下。

① 逐跳选项报头。类型为 0，由中间路由器处理的扩展报头。

② 目的站选项报头。类型为 60，用于携带由目的节点检查的信息。

③ 路由报头。类型为 43，用于指出数据报从数据源节点到目的节点传输过程中，需要经过的一个或多个中间路由器。

④ 分段报头。类型为 44，IPv6 对分段报头的处理类似于 IPv4，该字段包括数据报标识符、段号和是否终止标识符。在 IPv6 中，只能由源主机对数据报进行分段，源主机对数据报分段后要加分段报头。

⑤ 认证报头。类型为 51，用于携带通信双方进行认证所需的参数。

⑥ 封装安全有效载荷报头。类型为 52，与认证报头结合使用，也可单独使用，用于携带通信双方进行认证和加密所需的参数。

3.2 同步练习

3.2.1 判断题

1．要访问 Internet 一定要安装 TCP/IP 协议。（ ）

2．IP 协议作为一种互联网协议，运行于互联层，用于屏蔽各个物理网络的细节和差异。（ ）

3．10.10.16.257 表示 A 类 IP 地址。（ ）

4．标准的 A 类地址的子网掩码为 255.0.0.0。（ ）

5．在分类的 IP 地址中，某台主机的子网掩码为 255.255.255.0，它的 IP 地址一定是 C 类地址。（ ）

6．RIP 是一种分布式的基于链路状态的路由选择协议。（ ）

7．RIP 和 OSPF 是常用的静态路由协议，也是常用的外部网关协议。（ ）

8．TCP 协议对于一些实时应用，如 IP 电话、视频会议等比较适合。（ ）

9．TCP 提供面向连接的全双工字节流数据传输服务。（ ）

10．UDP 拥有流量控制机制。（ ）

11．在同一个局域网中，当计算机 A 要与计算机 B 通信时，若计算机 A 不知道计算机 B 的物理地址，那么要先通过 ARP 将计算机 B 的 IP 地址解析为物理地址，再利用该物理地址向计算机 B 发送报文。（ ）

3.2.2 选择题

1．在下列地址中，属于私有网络地址的是（ ）。

A．172.0.0.1　　B．128.0.0.1

C．172.14.2.234　　D．172.17.22.88

2．一台主机有两个 IP 地址，一个地址是 192.168.11.25，另一个地址可能是（ ）。

A．192.168.11.0　　B．192.168.11.26

C．192.168.13.25　　D．192.168.11.24

3．属于本地回路地址的是（ ）。

A．10.10.10.1　　B．255.255.255.0

C．192.0.0.1　　D．127.0.0.1

4．IP 地址 202.117.17.254/22 是（ ）。

A．网络地址　　B．有限广播地址

C．主机地址　　D．直接广播地址

5．某主机的 IP 地址为 118.18.2.1，该地址为（ ）地址。

A．A 类　　B．B 类　　C．C 类　　D．D 类

6．在 B 类地址中，在默认子网掩码下用（ ）位来标识主机号。

A．8　　B．14　　C．16　　D．24

7．IP 地址规定在默认情况下每个 C 类网络最多可以有（　　）台主机或路由器。

A．254　　B．256　　C．1024　　D．32

8．IP 地址 192.169.15.136 的默认子网掩码为（　　）。

A．255.0.0.0　　B．255.255.0.0

C．255.255.255.0　　D．255.255.255.255

9．在一条点对点的链路上，为了减少地址的浪费，子网掩码应该指定为（　　）。

A．255.255.255.252　　B．255.255.255.248

C．255.255.255.240　　D．255.255.255.196

10．在下列 IP 地址中，只能作为 IP 分组的源 IP 地址但不能作为目的 IP 地址的是（　　）。

A．0.0.0.0　　B．127.0.0.1

C．200.10.10.3　　D．255.255.255.255

11．下一代 Internet 核心协议 IPv6 的地址长度是（　　）比特。

A．32　　B．64　　C．128　　D．256

12．在 IPv6 地址中，正确的回环地址是（　　）。

A．::1　　B．1:1:1:1:1:1:1:1

C．0.0.0.0.0.0.0.1　　D．1.1.1.1.1.1.1.1

13．关于传输层的面向连接服务的特性是（　　）。

A．不保证可靠和顺序的交付

B．不保证可靠、但保证顺序的交付

C．保证可靠、但不保证顺序的交付

D．保证可靠和顺序的交付

14．可靠的传输协议中的“可靠”指的是（　　）。

A．使用面向连接的会话

B．使用尽力而为的传输

C．使用滑动窗口来维持可靠性

D．使用确认机制来确保传输的数据不丢失

15．在采用 TCP 连接的数据传输阶段，如果发送端的发送窗口值由 1000 变为 2000，那么发送端在收到一个确认之前可以发送（　　）。

A．2000 个 TCP 报文段　　B．2000 字节

C．1000 字节　　D．1000 个 TCP 报文段

16．A 和 B 建立了 TCP 连接，当 A 收到确认号为 100 的确认报文段时，表示（　　）。

A．报文段 99 已收到

B．报文段 100 已收到

C．末字节序号为 99 的报文段已收到

D．末字节序号为 100 的报文段已收到

17．在 IP 首部的字段中，与分片和重组无关的字段是（　　）。

A．校验和　　B．标识　　C．标志　　D．片偏移量

18．如果 IPv4 的分组太大，会在传输中被分片，那么在（　　）将对分片后的分组重组。

A．中间路由器　　B．下一跳路由器

C．核心路由器　　D．目的主机

19．在 TCP/IP 体系结构中，直接为 ICMP 提供服务的协议是（　　）。

A．PPP　　B．IP　　C．TCP　　D．UDP

20．互联网上各种网络和各种不同计算机之间相互通信的基础是（　　）。

A．HTTP 协议　　B．TCP/IP 协议

C．IPX/SPX 协议　　D．X.25 协议

21．ARP 报文封装在（　　）中传送。

A．IP 数据报　　B．UDP 报文

C．PPP 报文　　D．以太网帧

22．在 ARP 的工作过程中，ARP 响应报文是（　　）发送的。

A．单播　　B．多播　　C．广播　　D．任播

23．关于路由协议 RIP 的说法，正确的是（　　）。

A．RIP 是内部网关协议的一种

B．使用最短通路算法确定最佳路由

C．RIP 的距离是网络延迟

D．RIP 是一种分布式的基于链路状态的路由选择协议

24．在 RIP 协议中，假设路由器 X 和路由器 K 是两个相邻的路由器，路由器 X 向路由器 K 说“我到目的网络 Y 的距离为 N”，则收到此信息的路由器 K 就知道“若将到网络 Y 的下一个路由器选为 X，则我到网络 Y 的距离为（　　）。”（假设 N 小于 15）

A．N　　B．$N-1$　　C．$N+1$　　D．1

25．关于 OSPF 协议的描述，正确的是（　　）。

A．OSPF 使用分布式链路状态协议

B．链路状态数据库只保存下一跳路由器的数据

C．链路状态“度量”主要是指距离和延迟

D．为确保链路状态数据库一致，OSPF 每隔 30s 刷新一次数据库中的链路状态

26．关于 OSPF 协议的描述，正确的是（　　）。

A．OSPF 协议根据链路状态法计算最佳路由

B．OSPF 协议是用于自治系统之间的外部网关协议

C．OSPF 协议不能根据网络通信情况动态地改变路由

D．OSPF 协议只适用于小型网络

27．关于 OSPF 协议的描述，错误的是（　　）。

A．对于规模很大的网络，OSPF 通过划分区域不能提高路由更新收敛速度

B．每一个区域 OSPF 拥有一个 32 位的区域标识符

C．在一个 OSPF 区域内部的路由器不知道其他区域的网络拓扑

D．在一个区域内的路由器数一般不超过 200 个

28．NAT 的作用是（　　）。

A．实现 IPv4 和 IPv6 地址之间的转换

B．实现 A 类和 B 类 IP 地址的转换

C．实现内部网络与外部网络 IP 地址之间的转换

D．实现广播 IP 地址与主机 IP 地址之间的转换

29．不考虑 NAT，在 Internet 中，IP 数据报从源节点到目的节点可能需要经过多个网络和路由器。在整个传输过程中，IP 数据报头部中的（　　）。

A．源地址和目的地址都不会发生变化

B．源地址有可能发生变化而目的地址不会发生变化

C．源地址不会发生变化而目的地址有可能发生变化

D．源地址和目的地址都有可能发生变化

30．路由器在能够开始向输出链路传输分组的第一位之前，必须先接收到整个分组，这种机制称为（　　）。

A．存储转发机制　　　B．直通交换机制

C．分组交换机制　　　D．分组检测机制

3.2.3 综合应用题

一、综合应用题 1

某单位的网络由 4 个子网组成，其网络拓扑结构如图 3-17 所示。

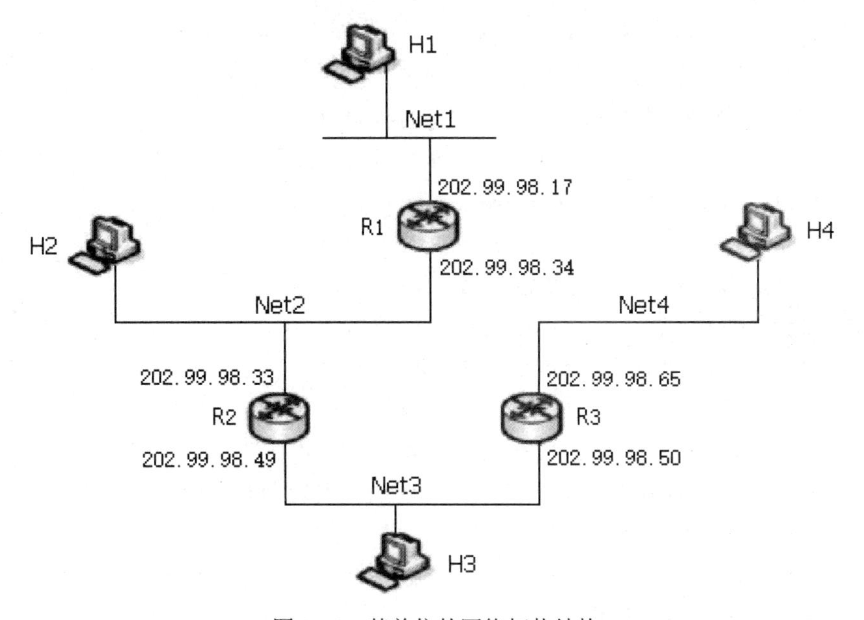

图 3-17 某单位的网络拓扑结构

已知主机 H1 的 IP 地址为 202.99.98.18，主机 H2 的 IP 地址为 202.99.98.35，主机 H3 的 IP 地址为 202.99.98.51，主机 H4 的 IP 地址为 202.99.98.66，它们的子网掩码均为 255.255.255.240。

路由器 R1、路由器 R2、路由器 R3 的表结构如表 3-5 所示。

表 3-5 路由器 R1、路由器 R2、路由器 R3 的表结构

目的网络 IP 地址	子网掩码	下一跳 IP 地址

请回答下列问题。

1．202.99.98.35 是一个（　　）IP 地址。

A．A 类　　B．B 类　　C．C 类　　D．D 类

2．主机 H3 的网络地址为（　　）。

A．202.99.98.48　　B．202.99.98.0

C．202.99.98.32　　D．202.99.98.64

3．网络 Net3 的直接广播地址为（　　）。

A．0.0.0.255　　B．202.99.98.63

C．255.255.255.255　　D．202.99.98.255

4．给 4 台主机分配 IP 地址，其中一台因 IP 地址分配不当而存在通信故障，这一台主机的 IP 地址是（　　）。

A．202.99.98.52　　B．202.99.98.44

C．202.99.98.45　　D．202.99.98.63

5．关于路由器交付的说法，错误的是（　　）。

A．路由选择分直接交付和间接交付

B．当直接交付时，两台机器在同一个物理网段内

C．当直接交付时，不涉及路由器

D．当间接交付时，不涉及直接交付

6．路由器 R1 到主机 H4 的路由是（　　）。

A．202.99.98.66，255.255.255.255，202.99.98.33

B．202.99.98.64，255.255.255.240，202.99.98.33

C．0.0.0.0，0.0.0.0，202.99.98.49

D．202.99.98.66，255.255.255.255，202.99.98.34

7．路由器 R3 到网络 Net1 的路由表项为（　　）。

A．202.99.98.0，255.255.255.0，202.99.98.33

B．202.99.98.0，255.255.255.0，202.99.98.49

C．202.99.98.0，255.255.255.240，202.99.98.33

D．202.99.98.16，255.255.255.240，202.99.98.49

8．主机 H4 发送 IP 数据报给主机 H3，下列执行步骤描述中不正确的是（　　）。

A．主机 H4 首先检查目的主机 H3 是否和自己处在同一个子网内

B．主机 H4 发现和目的主机 H3 不在同一个子网内，将 IP 数据报转发给路由器 R3

C．路由器 R3 查看 IP 数据报的目的 IP 地址和自己是否在同一个子网内

D．路由器 R3 逐项检查自己的路由表，并将主机 H3 的 IP 地址和路由表里面的子网掩码相“与”，看是否和“目的网络”相匹配，如果匹配，则转发给下一跳

9．当位于不同子网中的主机之间相互通信时，下列说法正确的是（　　）。

A．路由器在转发 IP 数据报时，重新封装源硬件地址和目的硬件地址

B．路由器在转发 IP 数据报时，重新封装源 IP 地址和目的 IP 地址

C．路由器在转发 IP 数据报时，重新封装目的硬件地址和目的 IP 地址

D．源节点可以直接进行 ARP 广播得到目的节点的硬件地址

二、综合应用题 2

某单位的网络拓扑结构如图 3-18 所示。

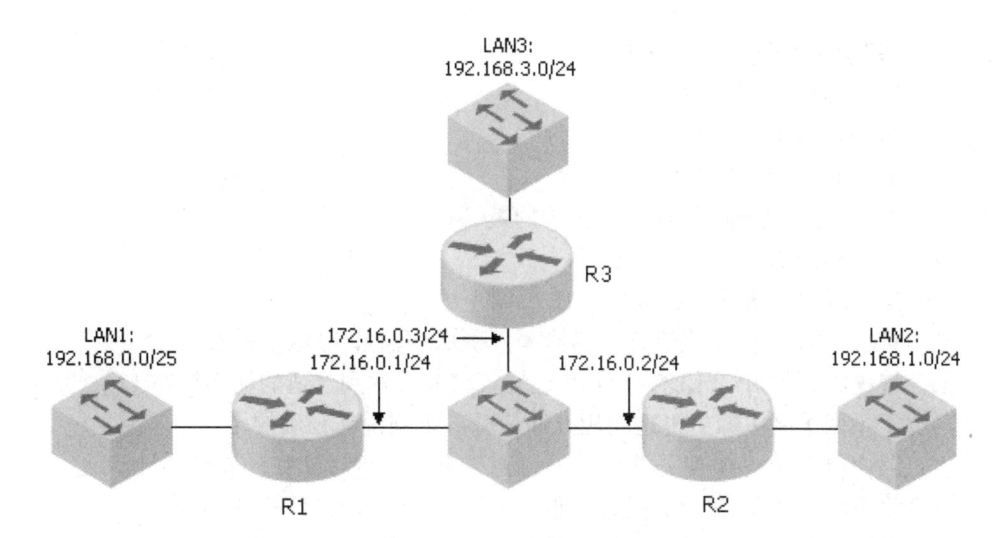

图 3-18　某单位的网络拓扑结构

请回答下列问题。

1．172.16.0.1 是一个（　　）IP 地址。

A．A 类　　B．B 类　　C．C 类　　D．D 类

2．局域网 LAN1 所在网段的主机，子网掩码为（　　）。

A．255.255.255.128　　B．255.255.255.0

C．255.0.0.0　　D．255.255.0.0

3．下列（　　）IP 地址不能配置为局域网 LAN1 中主机的默认网关。

A．192.168.0.127　　B．192.168.0.125

C．192.168.0.1　　D．192.168.0.88

4．LAN1 网络中主机 1 发送目的地址为 255.255.255.255 的 IP 报文，下列说法错误的是（　　）。

A．LAN1 中的主机可以收到报文

B．路由器 R1 在 LAN1 的接口可以收到报文

C．255.255.255.255 是有限广播地址

D．没有主机可以收到该报文

5．在 LAN1 网络中，一共给 4 台主机分配了 IP 地址，其中一台因 IP 地址分配不当而存在通信故障，这一台主机的 IP 地址是（　　）。

A．192.168.0.1　　B．192.168.0.125

C．192.168.0.128　　D．192.168.0.108

6．路由器 R1 中要添加一条到特定主机 192.168.1.3 的路由，下列命令正确的是（　　）。

A．ip route 192.168.1.3 255.255.255.0 172.16.0.2

B．ip route 192.168.1.3 255.255.255.255 172.16.0.2

C．ip route 192.168.1.0 255.255.255.0 172.16.0.2

D．ip route 192.168.1.0 255.255.255.255 172.16.0.2

7．在路由器 R1 的路由表中设置一条默认路由，则其目的地址和子网掩码应分别设置为（　　）。

A．192.168.0.0，255.255.0.0

B．127.0.0.0，255.0.0.0

C．0.0.0.0，0.0.0.0

D．0.0.0.0，255.255.255.255

8．关于 IP 路由器功能的描述，不正确的是（　　）。

A．运行路由协议，设置路由表

B．当检测到拥塞时，合理丢弃 IP 分组

C．对收到的 IP 分组头进行差错检验，确保传输 IP 分组不丢失

D．根据收到的 IP 分组的目的 IP 地址，将其转发到合适的输出线路上

9．当位于不同子网中的主机之间相互通信时，下列说法正确的是（　　）。

A．路由器在转发 IP 数据报时，重新封装源硬件地址和目的硬件地址

B．路由器在转发 IP 数据报时，重新封装源 IP 地址和目的 IP 地址

C．路由器在转发 IP 数据报时，重新封装目的硬件地址和目的 IP 地址

D．路由器在转发 IP 数据报时，不进行重新封装

三、综合应用题 3

某网络的拓扑结构如图 3-19 所示，其中 Router1 为路由器，主机 H1 ～主机 H4 的 IP 地址配置及 Router1 的各个接口 IP 地址配置如图 3-19 所示。现有若干台以太网交换机（无 VLAN 功能）和路由器两类网络互联设备可供选择。

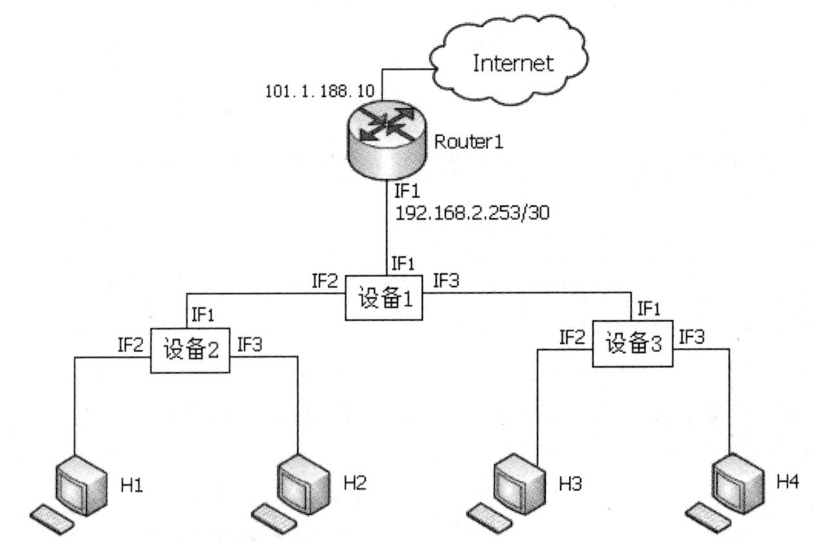

图 3-19　某网络的拓扑结构

路由器 Router 1 的表结构如表 3-6 所示。

表 3-6　路由器 Router 1 的表结构

目的网络 IP 地址	子网掩码	下一跳 IP 地址	接口

请回答下列问题。

1．设备 1、设备 2 和设备 3 分别应选择（　　）。

A．交换机，交换机，路由器

B．路由器，交换机，交换机

C．交换机，交换机，交换机

D．路由器，交换机，路由器

2．IP 地址的网络部分用来识别（　　）。

A．路由器　　B．主机　　C．网卡　　D．网段

3．设备 1 的接口 IF1、接口 IF2 和接口 IF3 对应的 IP 地址为（　　）。

A．192.168.2.254，192.168.2.1，192.168.2.65

B．192.168.2.251，192.168.2.1，192.168.2.65

C．192.168.2.252，不需要配置 IP 地址，不需要配置 IP 地址

D．192.168.2.254，不需要配置 IP 地址，不需要配置 IP 地址

4．主机 H3 的子网掩码为（　　）。

A．255.255.255.192　　B．255.255.255.128

C．255.255.255.0　　D．255.255.255.255

5．主机 H3 所在网络的直接广播地址为（　　）。

A．FF-FF-FF-FF-FF-FF　　B．255.255.255.255

C．192.168.2.127　　D．192.168.2.255

6．路由器 Router1 到主机 H1 所在网络的路由表项为（　　）。

A．192.168.2.0，255.255.255.192，192.168.2.253，IF1

B．192.168.2.0，255.255.255.128，192.168.2.2，IF2

C．192.168.2.0，255.255.255.192，192.168.2.254，IF1

D．192.168.2.2，255.255.255.192，192.168.2.254，IF2

7．为确保内部网络主机 H1 ～主机 H4 能够访问 Internet，路由器 Router1 需要提供（　　）服务。

A．NAT　　B．DHCP　　C．HTTP　　D．SNMP

8．若主机 H1 发送一个目的地址为 192.168.2.63 的 IP 数据报，则网络中（　　）会接收该数据报。

A．H1、H2、H3　　B．H2

C．H3、H4　　D．H1、H2、H3 和 H4

9．配置默认路由的命令是（　　）。

A．ip route 192.168.2.0 255.255.255.0 0.0.0.0

B．ip route 192.168.2.0 255.255.255.0 192.168.2.253

C．ip route 0.0.0.0 255.255.255.0 192.168.2.253

D．ip route 0.0.0.0 0.0.0.0 192.168.2.253

第 4 章

Internet 应用

4.1 知识点

4.1.1 客户机 / 服务器模式

1. 什么是客户机 / 服务器模式

应用程序之间为了能顺利地进行通信，一方通常需要处于守候状态，等待另一方请求的到来。在分布式计算中，一个应用程序被动地等待，而另一个应用程序通过请求启动通信的模式就是客户机 / 服务器模式。

2. 客户机 / 服务器模式的特性

一台主机上通常运行多个服务器程序，每个服务器程序需要并发地处理用户的请求，并将处理的结果返回给用户。因此，服务器程序通常比较复杂，对主机的硬件资源（如 CPU 的处理速度、内存的大小等）及软件资源（如分时、多线程网络操作系统等）都有一定的要求。

客户机程序由于功能相对简单，因此通常不需要特殊的硬件和高级的网络操作系统。

3. 客户机 / 服务器模式的工作过程

客户机 / 服务器模式即 C/S（Client/Server）模式。客户机 / 服务器模式是由客户机、服务器构成的一种网络计算环境，它把应用程序分成两部分，一部分运行在客户机上，另一部分运行在服务器上，由两者各司其职，共同完成任务。

客户机 / 服务器模式工作过程如下。

（1）服务器监听相应端口的输入。

（2）客户机发出请求。

（3）服务器接收到此请求。
（4）服务器处理此请求，并将结果返回给客户机。
（5）重复上述过程，直至完成一次会话过程任务。

4.1.2 域名系统

1. 域名

在 Internet 上，对于众多以数字表示的一长串 IP 地址，人们记忆起来是很困难的。为此，Internet 引入了一种字符型的主机命名机制，即域名系统 DNS（Domain Name System），用来表示主机的 IP 地址。

Internet 设有一个分布式命名体系，它是一个树状结构的 DNS 服务器网络。每个 DNS 服务器保存一张表，用来实现域名和 IP 地址的转换，当有计算机要根据域名访问其他计算机时，它就自动执行域名解析，根据这张表，把已经注册的域名转换为 IP 地址。如果此 DNS 服务器在表中查不到该域名，那么它会向上一级 DNS 服务器发出查询请求，直到最高一级的 DNS 服务器返回一个 IP 地址或返回未查到的信息。

DNS 域名空间如图 4-1 所示，整个 DNS 域名空间呈树状结构分布，被称为“域树”。DNS 域名空间树的最上面是一个无名的根（Root）域，用“.”表示。在 Internet 中，根域是默认的，一般都不需要表示出来。全世界共有 13 台根域服务器，1 台为主根服务器，放置在美国，其余 12 台均为辅根服务器，其中 9 台放置在美国，2 台放置在欧洲（英国和瑞典），1 台放置在亚洲（日本）。根域服务器中并没有保存任何域名，只具有初始指针指向一级域，也就是顶级域，如 com、edu、net 等。

根域下是最高一级的域（顶级域 / 一级域），再往下是二级域、三级域，最下面是主机名。最高一级的域名为顶级域名或一级域名。例如，在域名 www.sina.com.cn 中，cn 是一级域名，com 是二级域名，sina 是三级域名，也称为子域名，www 是主机名。

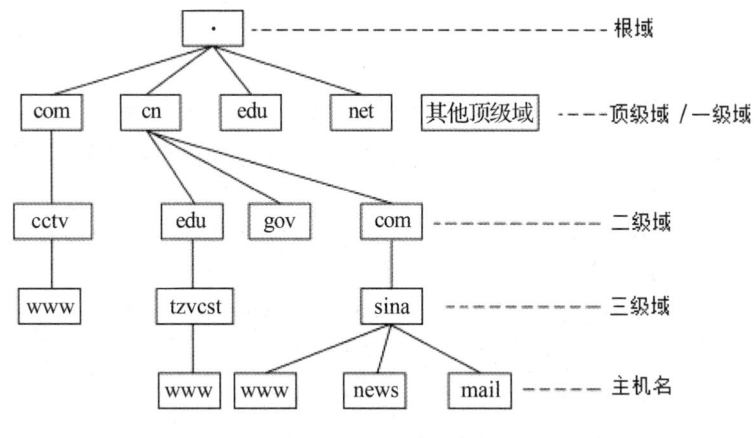

图 4-1 DNS 域名空间

完全限定的域名（Fully Qualified Domain Name，FQDN）是指主机名加上全路径，全路径中列出了序列中所有域成员。FQDN 用于指出其在域名空间树中的绝对位置，如 www.tzvcst.edu.cn 就是一个完整的 FQDN。

表 4-1 列出了一些常用的顶级域名。

表 4-1　一些常用的顶级域名

域　名	含　义	域　名	含　义	域　名	含　义
gov	政府部门	ca	加拿大	edu	教育类
com	商业类	fr	法国	net	网络机构
mil	军事类	hk	中国香港	arc	康乐活动
cn	中国	info	信息服务	org	非营利组织
jp	日本	int	国际机构	web	与 WWW 有关的单位

2. 域名解析

DNS 的作用主要就是进行域名解析，域名解析就是将用户提出的域名（网址）解析成 IP 地址的方法和过程。域名解析采用客户机 / 服务器模式。

当用户使用浏览器上网时，在地址栏输入一个网站的域名（如 www.sina.com.cn）即可，域名解析过程如图 4-2 所示。

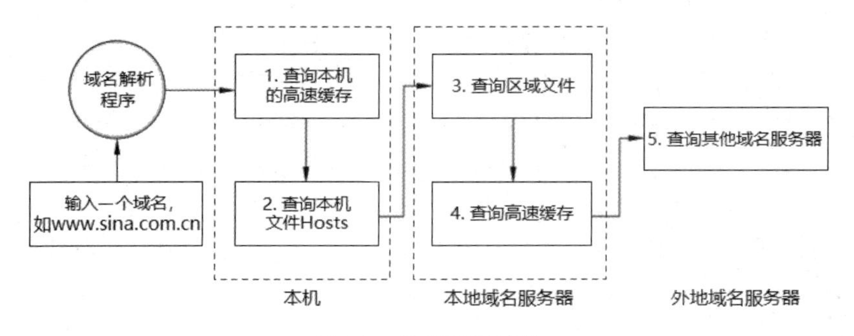

图 4-2　域名解析过程

① 域名解析程序查询本机的高速缓存，如果从高速缓存内可得该域名所对应的 IP 地址，就将此 IP 地址传给应用程序。

② 若在本机高速缓存中找不到答案，则域名解析程序会查询本机文件 Hosts（C:\Windows\System32\drivers\etc\），看是否能找到对应的数据。

③ 若还是无法找到对应的 IP 地址，则向本机指定的本地域名服务器请求查询。本地域名服务器在收到请求后，会查询此域名是否为其管辖区域内的域名。当然会查询区域文件，看是否有相符的数据；反之则进行下一步。

④ 如果在区域文件内找不到对应的 IP 地址，则本地域名服务器会查询本身所存放的高速缓存，看是否能找到相符的数据。

⑤ 如果还是无法找到对应的数据，就需要借助外地域名服务器，这时就会开始进行域名服务器与域名服务器之间的查询操作。

上述 5 个步骤可分为两种查询模式，即客户机对域名服务器的查询（第③、④步）及域名服务器与域名服务器之间的查询（第⑤步）。

DNS 还可以完成反向查询操作，即客户机利用 IP 地址查询其主机完整域名。

3. 区域文件

区域文件是 DNS 服务器使用的配置文件，安装 DNS 服务器的主要工作就是创建区域文件和资源记录。要为每个域名创建一个区域文件。单个 DNS 服务器能支持多个域，因此可以同时支持多个区域文件。

区域文件是一种采用标准化结构的文本文件，它包含的项目称为资源记录。不同的资源记录用于标识项目代表的计算机或服务程序的类型，每种资源记录具有一种特定的作用。有以下几种可能的资源记录。

- SOA（授权开始）。SOA 记录是区域文件的第一条记录，表示授权开始，并定义域的主域名服务器。
- NS（域名服务器）。NS 记录为某一给定的域指定授权的域名服务器。
- A（地址）。A 记录用来提供从主机名到 IP 地址的转换。
- PTR（指针）。PTR 记录也称为反序解析记录或反向查看记录，用于确定如何把一个 IP 地址转换为相应的主机名。PTR 记录不应该与 A 记录放在同一条 SOA 记录中，而是出现在 in-addr.arpa 子域的 SOA 记录中，且被反序解析的 IP 地址要以反序指定，并在末尾添加句点“.”。
- MX（邮件交换器）。MX 记录允许用户指定在网络中负责接收外部邮件的主机。
- CNAME（别名）。CNAME 记录用于在 DNS 中为主机设置别名，对于给出服务器的通用名称非常有用。要使用 CNAME 记录，必须有该主机的另一条记录（A 记录或 MX 记录）来指定该主机的真名。
- RP 和 TXT（文本项）。TXT 记录是自由格式的文本项，可以用来放置认为合适的任何信息，不过通常提供的是一些联系信息。RP 记录则明确指明对于指定域负责管理人员的联系信息。

4.1.3 DHCP 服务

1. DHCP 的概念

DHCP（Dynamic Host Configuration Protocol，动态主机配置协议）是一种简化主机 IP 地址分配管理的 TCP/IP 标准协议。它能够动态地向网络中每台设备分配独一无二的 IP 地址，并提供安全、可靠、简单的 TCP/IP 网络配置，确保不发生地址冲突，帮助维护 IP 地址的使用。

要使用 DHCP 方式动态分配 IP 地址，整个网络必须至少有一台安装了 DHCP 服务的服务器。其他使用 DHCP 功能的客户端也必须支持自动向 DHCP 服务器索取 IP 地址的功能。当 DHCP 客户机第一次启动时，它就会自动与 DHCP 服务器通信，并由 DHCP 服务器分配给 DHCP 客户机一个 IP 地址，直到租约到期（并非每次关机释放），这个地址就会由 DHCP 服务器收回，并将其提供给其他的 DHCP 客户机使用。

动态分配 IP 地址的一个好处就是可以解决 IP 地址不够用的问题。因为 IP 地址是动态分配的，而不是固定给某台客户机使用的，所以只要有空闲的 IP 地址可用，DHCP 客户机就可以从 DHCP 服务器那里取得 IP 地址。当 DHCP 客户机不需要使用此 IP 地址时，就由 DHCP 服务器收回，并提供给其他的 DHCP 客户机使用。

动态分配 IP 地址的另一个好处是用户不必自己设置 IP 地址、DNS 服务器地址、默认网关等网络属性，甚至绑定 IP 地址与 MAC 地址，不存在盗用 IP 地址的问题，因此，可以减少网络管理员的维护工作量，用户也不必关心网络地址的概念和配置。

2. DHCP 的工作过程

当主机被配置为 DHCP 客户机时，要从位于本地网络中或 ISP 处的 DHCP 服务器那里获取 IP 地址、子网掩码、DNS 服务器地址和默认网关等网络属性。通常网络中只有一台 DHCP 服务器。DHCP 的工作过程如图 4-3 所示。

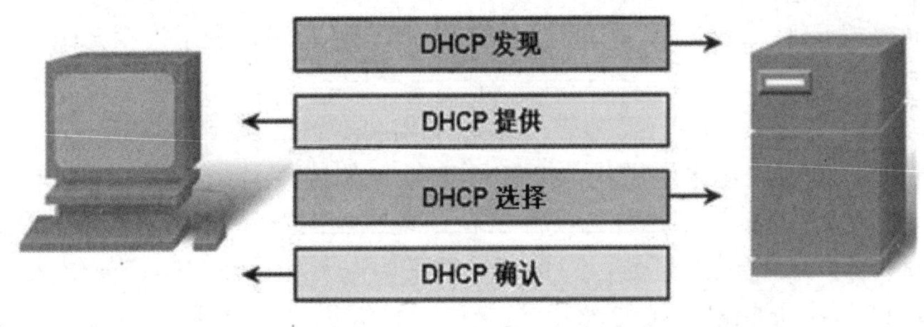

图 4-3 DHCP 的工作过程

（1）DHCP 发现。

DHCP 客户机以广播方式（因为 DHCP 服务器的 IP 地址对于客户机来说是未知的）发送一个 DHCP Discover（发现）数据包来寻找 DHCP 服务器，其目的 IP 地址为 255.255.255.255，目的 MAC 地址为 FF-FF-FF-FF-FF-FF。网络上每一台主机都会接收到这种广播数据包，但只有 DHCP 服务器才会做出响应。

（2）DHCP 提供。

在网络中接收到 DHCP Discover 数据包的 DHCP 服务器做出响应，它从尚未出租的 IP 地址中挑选一个分配给 DHCP 客户机，并向 DHCP 客户机发送一个包含出租的 IP 地址和其他设置的 DHCP Offer（提供）数据包。

（3）DHCP 选择。

如果网络中有多台 DHCP 服务器向 DHCP 客户机回应 DHCP Offer 数据包，那么 DHCP 客户机只接收第一个收到的 DHCP Offer 数据包，并以广播方式发送 DHCP Request（请求）数据包，该数据包中包含了 DHCP 服务器的 IP 地址，也包含了 DHCP 客户机的 MAC 地址。

（4）DHCP 确认。

当被选中的 DHCP 服务器接收到 DHCP Request 数据包后，它便向 DHCP 客户机发送一个包含它所提供的 IP 地址和其他设置的 DHCP Ack（确认）数据包，告诉 DHCP 客户机可以使用它提供的 IP 地址。DHCP 客户机便将获得的 IP 地址与网卡绑定。另外，除 DHCP 客户机选中的 DHCP 服务器外，其他的 DHCP 服务器将收回曾经提供的 IP 地址。

3. DHCP 的时间域

DHCP 客户机按固定的时间周期向 DHCP 服务器租用 IP 地址，实际的租用时间长度是在 DHCP 服务器上进行配置的。在 DHCP Ack 数据包中，实际上还包含了三个重要的时间周期信息域：一个域用于标识租用 IP 地址的时间长度；另外两个域用于租用时间的更新。

DHCP 客户机必须在当前 IP 地址租用过期之前对租用期进行更新。50%的租用期过去之后，DHCP 客户机就应该开始请求为它配置 TCP/IP 的 DHCP 服务器更新它的当前租用期。在租用期的 87.5%处，如果 DHCP 客户机还不能与它当前的 DHCP 服务器取得联系并更新它的租用期，那么它应该通过广播方式与其他任意一台 DHCP 服务器通信并请求更新它的配置信息。假如该 DHCP 客户机在租用期到期时既不能对租用期进行更新，又不能从另一台 DHCP 服务器那里获得新的租用期，那么它必须放弃使用当前的 IP 地址并发出一个 DHCP Discover 数据包以重新开始上述过程。

如果 DHCP 服务器一直没有应答，那么 DHCP 客户机就自动选择一个私有 IP 地址（从 169.254.×.× 地址段中选取）使用。尽管此时 DHCP 客户机已分配了一个静态 IP 地址，DHCP 客户机还要每隔 5min 发送一次 DHCP 广播信息。如果这时有 DHCP 服务器响应，那么 DHCP 客户机将从 DHCP 服务器那里获得 IP 地址及其配置，并以 DHCP 方式工作。

4.1.4　WWW 服务

1. WWW 的基本概念

（1）WWW 服务系统。

WWW（World Wide Web）或 Web 服务采用客户机 / 服务器工作模式，它以超文本标记语言（HTML）和超文本传输协议（HTTP）为基础。WWW 服务具有以下特点。

① 以超文本方式组织网络多媒体信息。

② 可在世界范围内任意查找、检索、浏览及添加信息。

③ 提供生动、直观、易于使用、统一的图形用户界面。

④ 服务器之间可相互链接。

⑤ 可访问图像、声音、影像和文本等信息。

（2）Web 服务器。

Web 服务器上的信息通常以 Web 页面的方式进行组织，还包含指向其他页面的超链接。利用超链接可以将 Web 服务器上的一个页面与互联网上其他服务器的任意页面进行关联，使用户在检索一个页面时可以方便地查看其他相关页面。

Web 服务器不但需要保存大量的 Web 页面，而且需要接收和处理 WWW 浏览器的请求，实现 Web 服务器功能。通常，Web 服务器在 TCP 的知名端口 80 侦听来自 WWW 浏览器的连接请求。当 Web 服务器接收到 WWW 浏览器对某一 Web 页面的请求信息时，Web 服务器搜索该 Web 页面，并将该 Web 页面内容返回给 WWW 浏览器。

（3）WWW 浏览器。

WWW 的客户机程序称为 WWW 浏览器，它是用来浏览 Web 服务器中 Web 页面的软件。

WWW 浏览器负责接收用户的请求（从键盘或鼠标输入），利用 HTTP 协议将用户的请求传送给 Web 服务器。Web 服务器将请求的 Web 页面返回给 WWW 浏览器后，WWW 浏览器对 Web 页面进行解释，显示在用户的屏幕上。

（4）页面地址和 URL。

Web 服务器中的 Web 页面很多，通过 URL（Uniform Resource Location，统一资源定位器）指定使用什么协议、哪台服务器和哪个文件等。URL 由三部分组成：协议类型、主机名、路径及文件名，如 http://（协议类型）netlab.nankai.edu.cn（主机名）/student/network.html（路径及文件名）。

2. WWW 系统的传输协议

超文本传输协议（Hypertext Transfer Protocol，HTTP）是用户浏览器和 Web 服务器之间

的传输协议，是建立在 TCP 连接基础之上的，属于应用层的面向对象的协议。为保证用户浏览器与 Web 服务器之间的通信没有歧义，HTTP 精确定义了请求报文和响应报文的格式。

用户浏览器和 Web 服务器通过 HTTP 协议的会话过程如图 4-4 所示。

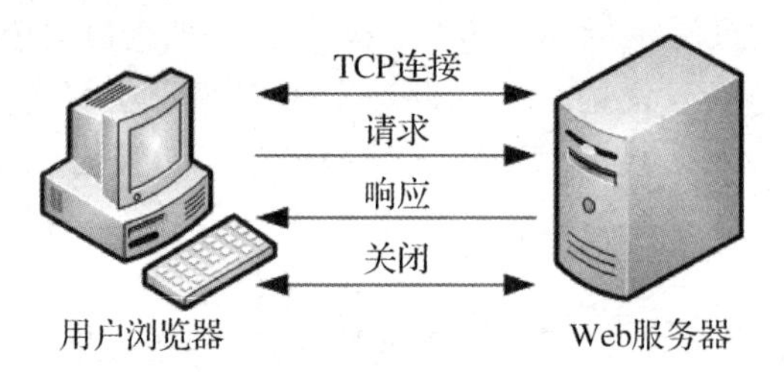

图 4-4　用户浏览器和 Web 服务器通过 HTTP 协议的会话过程

（1）TCP 连接：用户浏览器和 Web 服务器通过三次握手建立 TCP 连接。

（2）请求：用户浏览器发送 HTTP 请求。

（3）应答：Web 服务器接收 HTTP 请求，产生对应的 HTTP 响应信息反馈至用户浏览器。

（4）关闭：Web 服务器或用户浏览器关闭 TCP 连接，用户浏览器解析反馈的 HTTP 响应信息。

还有一个 HTTP 的安全版本称为 HTTPS，HTTPS 支持能被页面双方理解的加密算法。

3. 超文本标记语言

Web 服务器中存储的 Web 页面是一种结构化的文档，采用超文本标记语言（Hypertext Mark-up Language，HTML）书写。HTML 是 WWW 上用于创建超链接的基本语言，可定义格式化的文本、色彩、图像与超链接等，主要用于 Web 页面的创建与制作。

HTML 的基本结构标记如下。

（1）用 <html> 开始，用 </html> 结束。

（2）在 <head> 和 </head> 之间存储文档的头部信息。

（3）在 <body> 和 </body> 之间存储文档的主体信息。

（4）在 <title> 和 </title> 之间存储文档的标题信息。

（5）用 <img> 标记图像，如 <img src="http://192.168.0.66/lan.jpg"> 表示将主机的图像 lan.jpg 嵌入 Web 页面中。

（6）以 <a href = "URL 或文件名 "> 文本字符串 </a> 形成超链接。其中，href = "URL 或文件名 " 指明关联文档的位置；文本字符串指明要显示的文字。

4.1.5　FTP 服务

FTP（File Transfer Protocol，文件传输协议）主要用于网络上文件的双向传输，通常称为“下载”和“上传”。

FTP 采用客户机 / 服务器模式，客户机与服务器之间利用 TCP 建立连接。与其他连接不同，FTP 需要建立双重连接，一种为控制文件传输的命令，称为控制连接；另一种实现真正的文件传输，称为数据连接。

1. 控制连接

当 FTP 客户机希望与 FTP 服务器进行上传 / 下载的数据传输时，它首先向 FTP 服务器的 TCP 21 端口发起一个建立连接的请求，FTP 服务器接收来自 FTP 客户机的请求，完成连接的建立，这样的连接就称为控制连接。

2. 数据连接

控制连接建立之后，即可开始传输文件，传输文件的连接称为数据连接。建立 FTP 数据连接就是 FTP 传输数据的过程。

3. FTP 数据传输原理

用户在使用 FTP 传输数据时，FTP 建立连接的过程如图 4-5 所示。

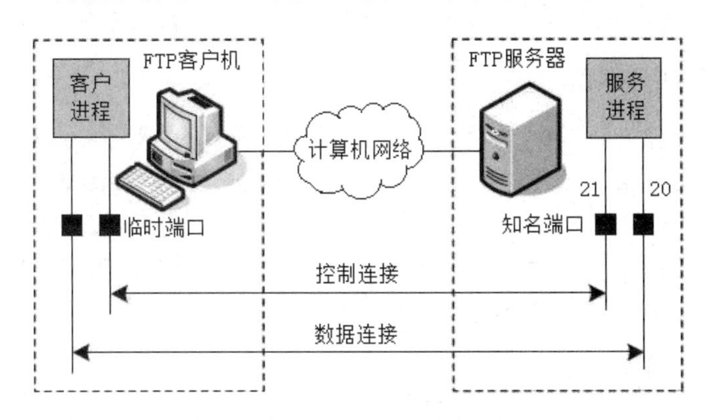

图 4-5　FTP 建立连接的过程

（1）FTP 服务器会自动对默认端口（21）进行侦听，当某台 FTP 客户机向这个端口请求建立连接时，便激活了 FTP 服务器上的控制进程。通过这个控制进程，FTP 服务器对连接用户名、密码及连接权限进行身份验证。

（2）当 FTP 服务器身份验证完成以后，FTP 服务器和 FTP 客户机之间会建立一条传输数据的专有连接（数据连接）。

（3）FTP 服务器在传输数据过程中，控制进程将一直工作，并不断发出指令控制整个 FTP 系统传输数据，传输完毕后控制进程向 FTP 客户机发送结束指令。

以上就是 FTP 建立连接的整个过程，在建立数据连接时一般有两种模式，即主动模式和被动模式。

主动模式是指在建立控制连接（用户身份验证完成）后，由 FTP 服务器使用端口 20 主动向 FTP 客户机进行连接，建立专用于传输数据的连接，这种模式在网络管理上比较好控制。FTP 服务器上的端口 21 用于用户验证，端口 20 用于数据传输，只要将这两个端口开放就可以使用 FTP 功能了，此时 FTP 客户机只处于接收状态。

被动模式与主动模式不同，数据连接是在建立控制连接（用户身份验证完成）后由 FTP 客户机向 FTP 服务器发起连接的。FTP 客户机使用哪个端口和连接到 FTP 服务器的哪个端口都是随机的。FTP 服务器并不参与数据的主动传输，只是被动接收。

4.1.6 远程登录服务

1. 远程登录协议

用户使用 Telnet 协议，使自己的计算机成为远程计算机的一台仿真终端。

远程登录允许任意类型的计算机之间进行通信，具体实现的功能如下。

① 本地用户与远程计算机上运行的程序交互。

② 远程登录后，可以运行远程计算机上的任何应用程序（有权限限制），屏蔽不同型号计算机之间的差异。

③ 用户可以利用个人计算机完成许多只有大型计算机才能完成的任务。

远程登录解决了不同计算机系统之间的互操作问题，Telnet 协议引入了网络虚拟终端（NVT）的概念，提供了一种标准的键盘协议，屏蔽了不同计算机系统对键盘输入的差异性。

2. 远程登录的工作原理

Telnet 协议采用客户机 / 服务器模式，当远程登录时，用户的实终端采用用户终端格式与 Telnet 客户机进程通信；远程主机采用远程系统格式与远程 Telnet 服务器进程通信。通过 TCP 连接，Telnet 客户机进程与 Telnet 服务器进程之间采用 NVT 格式通信。

NVT 格式将不同的用户本地终端格式统一起来，使得各个终端只与网络虚拟终端 NVT 打交道，与各种不同版本的本地终端格式无关。

3. 使用远程登录服务

用户使用远程登录服务，前提是用户本身的计算机和向用户提供 Internet 服务的计算机都必须支持 Telnet 协议，同时在远程计算机上用户拥有自己的账号（包括用户名和密码）或该远程计算机提供的公开的用户账号。

用户在使用远程登录服务时，首先在 Telnet 命令中给出对方计算机的 IP 地址或主机名，然后根据对方系统的询问，正确输入自己的用户名与密码。有时还要根据对方的要求，回答自己所使用的仿真终端的类型。

用户一旦登录成功，远程主机就对外开放软件、硬件、数据等全部资源。

4.1.7 电子邮件系统

1. 电子邮件系统的基本知识

（1）电子邮件系统。

电子邮件系统采用客户机 / 服务器工作模式。电子邮件服务器一方面负责接收用户传来的电子邮件，根据电子邮件所要到达的目的地址，将其传送到对应的电子邮件服务器中；另一方面负责接收其他电子邮件服务器发来的电子邮件，并根据收件人的不同分发到不同的电子邮箱中。

电子邮件应用程序的功能：创建和发送电子邮件，接收、阅读和管理电子邮件，还提供通信簿管理、账号管理等功能。

（2）TCP/IP 电子邮件的传输过程。

利用 SMTP（简单邮件传输协议）向电子邮件服务器发送电子邮件，利用 POP3（邮局协议）或 IMAP（交互式邮件存取协议）从电子邮件服务器邮箱中读取电子邮件。

（3）电子邮件地址。

电子邮件地址的格式为：用户名 @ 电子邮件服务商的域名，如 abc@163.com。任何一个电子邮件地址都是唯一的。

2. 电子邮件传输协议

（1）SMTP 协议。

SMTP 协议即简单邮件传输协议，工作在两种情况下：一是电子邮件从客户机传输到服务器；二是电子邮件从一个服务器传输到另一个服务器。SMTP 协议在 TCP 协议 25 号端口侦听连接请求。电子邮件传输分为 3 个阶段。

① 连接建立：连接建立后，客户机与服务器互通自己的域名，同时确认对方域名。

② 电子邮件传输：客户机将电子邮件源地址、目的地址和邮件内容传输给服务器，服务器进行相应的响应并接收电子邮件。

③ 连接关闭：客户机发出 Quit 命令，服务器处理命令后响应，随后关闭连接。

（2）POP3 协议。

POP3 协议即邮局协议，其中的“3”是版本号。POP3 协议在 TCP 协议 110 号端口侦听连接请求，一旦建立 TCP 连接，客户机就向服务器发送命令，下载或删除电子邮件。电子邮件传输分为 3 个阶段。

① 认证阶段：客户机将用户名和密码传输给服务器，服务器判断是否合法。

② 事务处理阶段：客户机利用相关命令管理和检索自己的电子邮箱。

③ 更新阶段：客户机发出 Quit 命令，系统进入更新阶段，关闭 TCP 连接。

4.2 同步练习

4.2.1 判断题

1．网络中计算机的 IP 地址、子网掩码、网关和 DNS 等设置可以通过 DHCP 服务获得。（　　）

2．WWW 指的是万维网，是 World Web Wide 的缩写。（　　）

3．“.cn”代表中国，属于国家顶级域名。（　　）

4．当一台主机发出 DNS 查询请求时，该查询请求首先应该被发给根域名服务器。（　　）

5．Telnet 在客户机和远程登录服务器之间建立一个 TCP 连接。（　　）

6．在互联网上向朋友发送电子邮件，必须知道对方的真实姓名和家庭住址。（　　）

7．在设置家用无线路由器时，192.168.1.1 ～ 192.168.1.20 这段地址可以作为 DHCP 服务器地址池。（　　）

4.2.2 选择题

1．关于客户机 / 服务器模式的说法，不正确的是（　　）。

A．服务器专用于完成某些服务，客户机则作为这些服务的使用者

B．客户机通常位于前端，服务器通常位于后端

C．客户机和服务器通过网络实现协同计算任务

D．客户机是面向任务的，服务器是面向用户的

2．下列（　　）不是网络操作系统的基本任务。

A．明确本地资源与网络资源之间的差异

B．为用户提供基本的网络服务功能

C．管理网络系统的共享资源

D．提供网络系统的安全服务

3．DNS 是基于（　　）模式的分布式系统。

A．C/S　　B．B/S　　C．P2P　　D．均不正确

4．如果本地域名服务器无缓存，当采用递归和迭代相结合的方法解析另一个网络中的某主机域名时，用户主机和本地域名服务器发送的域名请求条数分别为（　　）。

A．1 条，1 条　　B．1 条，多条

C．多条，多条　　D．多条，1 条

5．下列说法正确的是（　　）。

A．一个域名对应一个 IP 地址

B．同一个域名在不同的时间可能解析出不同的 IP 地址

C．互联网上的主机一定要有域名才能被访问到

D．域名和主机是一一对应的

6．下列软件中可以查看 WWW 信息的是（　　）。

A．游戏软件　　B．财务软件　　C．杀毒软件　　D．浏览器软件

7．一台主机要解析 www.ABC.com 的 IP 地址，如果这台主机配置的域名服务器为 202.120.66.68，Internet 顶级域名服务器为 11.2.8.6，而存储 www.ABC.com 的 IP 地址对应关系的域名服务器为 202.113.16.10，那么这台主机解析该域名通常首先查询（　　）。

A．202.120.66.68 域名服务器

B．11.2.8.6 域名服务器

C．202.113.16.10 域名服务器

D．可以从这 3 个域名服务器中任选一个

8．SMTP 是基于传输层的（　　）协议。

A．TCP　　B．UDP

C．既可以是 TCP 又可以是 UDP　　D．直接使用网络层协议

9．在 TCP/IP 模型中，简单邮件传输协议（SMTP）依赖于传输层的（　　）协议。

A．UDP　　B．IP　　C．TCP　　D．IEEE 802.2

10．用户代理只能发送不能接收电子邮件，则可能是（　　）地址错误。

A．POP3　　B．SMTP　　C．HTTP　　D．Mail

第 5 章 网络安全基础

5.1 知识点

5.1.1 网络安全的概念

网络安全是指计算机及其网络系统资源和信息资源不受自然和人为有害因素的威胁和危害，即是指计算机、网络系统的硬件和软件及其系统中的数据受到保护，不因偶然的或恶意的原因而遭到破坏、更改、泄露，确保系统能连续可靠正常地运行，网络服务不中断。

计算机网络安全从其本质上来讲就是系统上的信息安全。计算机网络安全是一门涉及计算机科学、网络技术、密码技术、信息安全技术、应用数学、数论、信息论等多种学科的综合性科学。

从广义上来说，凡是涉及计算机网络上信息的保密性、完整性、可用性、可控性和不可否认性的相关技术和理论都是计算机网络安全的研究领域。

（1）保密性。保密性是指网络信息不被泄露给非授权的用户、实体或进程，即信息只被授权用户使用。即使非授权用户得到信息也无法知晓信息的内容，因而不能使用。

（2）完整性。完整性是指维护信息的一致性，即在信息生成、传输、存储和使用过程中不发生人为或非人为的非授权篡改。

（3）可用性。可用性是指授权用户在需要时能不受其他因素的影响，方便地使用所需信息，即当需要时能存取所需的信息。这一目标是对信息系统的总体可靠性要求。例如，在网络环境下拒绝服务、破坏网络和有关系统的正常运行等都属于对可用性的攻击。

（4）可控性。可控性是指对网络系统中的信息传输及具体内容能够实现有效控制，即网络系统中的任何信息都要在一定传输范围和存储空间内可控。

（5）不可否认性。不可否认性是指保障用户无法在事后否认曾经对信息进行的生成、签发、接收等行为，一般通过数字签名来提供不可否认性服务。

其中，保密性（Confidentiality）、完整性（Integrity）、可用性（Availability）是信息安全的 3 个要素。

5.1.2 影响网络安全的主要因素

影响网络安全的因素有很多，归纳起来主要有以下一些因素。

1. 开放性的网络环境

网络特点正如一句非常经典的话所描述的：Internet 的美妙之处在于你和每个人都能互相连接，Internet 的可怕之处在于每个人都能和你互相连接。

Internet 是一个开放性的网络，是跨越国界的，这意味着网络的攻击不仅可以来自本地网络的用户，还可以来自 Internet 上的任何一台机器。Internet 是一个虚拟的世界，无法得知联机的另一端是谁。在这个虚拟的世界里，已经超越了国界，因此网络安全面临的是一个国际化的挑战。

网络建立初期只考虑方便性、开放性，并没有考虑总体安全构架，任何一个人或团体都可以接入，因而网络所面临的破坏和攻击可能是多方面的。例如，可能是对物理传输线路的攻击，可能是对操作系统漏洞的攻击，可能是对网络通信协议的攻击，也可能是对硬件的攻击等。网络安全已成为信息时代人类共同面临的挑战。

2. 操作系统的漏洞

漏洞是可以在攻击过程中利用的弱点，它可以是软件、硬件、程序缺陷、功能设计或配置不当等造成的。黑客会研究分析这些漏洞，加以利用而获得入侵和破坏的机会。

网络连接离不开网络操作系统，操作系统可能存在各种漏洞，有很多网络攻击的方法都是从寻找操作系统的漏洞开始的。

① 系统模型本身的漏洞。这是系统设计初期就存在的，无法通过修改操作系统程序的源代码来修补。

② 操作系统程序的源代码存在漏洞。操作系统也是一个计算机程序，任何一个程序都可能存在漏洞，操作系统也不例外。例如，冲击波病毒针对的是 Windows 操作系统的 RPC 缓冲区溢出漏洞。

③ 操作系统程序配置不当。许多操作系统的默认配置的安全性较差，进行安全配置比较复杂并且需要一定的安全知识，许多用户并没有这方面的能力，如果没有正确配置这些安全功能，则会造成一些系统的安全缺陷。

3. TCP/IP 协议的缺陷

一方面，TCP/IP 协议数据流采用明码传输，且传输过程无法控制，这就为他人截取、窃听信息提供了机会；另一方面，TCP/IP 协议在设计时采用协议族的基本体系结构，IP 地址作为网络节点的唯一标识，不是固定的且不需要身份认证。因此，黑客就有了可乘之机，他们可以通过修改或冒充他人的 IP 地址进行信息的拦截、窃取和篡改等。

4. 人为因素

在计算机使用过程中，使用者的安全意识缺乏、安全管理措施不到位等人为因素通常是网络安全的一个重大隐患。例如，隐秘性文件未设密码、操作密码泄露、重要文件丢失等都会给黑客提供攻击的机会。对于系统漏洞的不及时修补和不及时防病毒都可能会给网络安全带来影响。

5.1.3 PDRR 模型

事实上，安全是一种意识，一个过程，而不仅仅是某种技术。进入 21 世纪后，网络信息安全的理念发生了巨大的变化，从不惜一切代价把黑客阻挡在系统之外的防御思想，开始转变为防护—检测－响应－恢复相结合的思想，出现了 PDRR（Protect-Detect-React-Restore）等网络安全模型。PDRR 模型如图 5-1 所示。PDRR 模型倡导一种综合的安全解决方法，由防护、检测、响应、恢复 4 部分构成一个动态的信息安全周期。

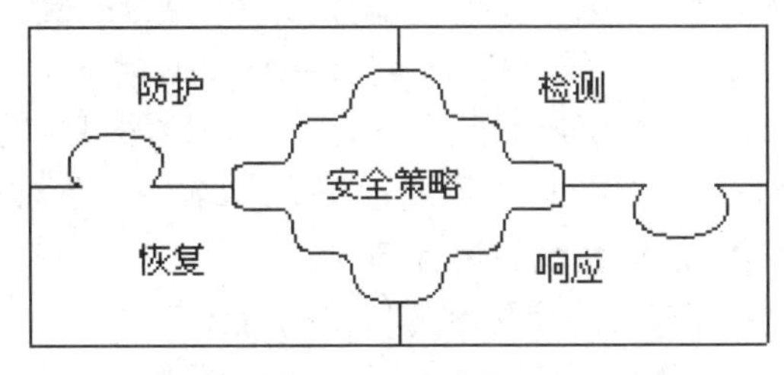

图 5-1　PDRR 模型

安全策略的每一部分包括一组相应的安全措施来实施一定的安全功能。安全策略的第一部分是防护，根据系统已知的所有安全问题采取防护措施，例如，打补丁、访问控制和数据加密等。安全策略的第二部分是检测，黑客如果穿过了防护系统，检测系统就会检测出黑客的相关信息，一旦检测出入侵事件发生，响应系统就开始采取相应的安全措施，如断开网络连接等。安全策略的最后一部分是系统恢复，在入侵事件发生后，把系统恢复到原来的状态。每次发生入侵事件，防护系统都要更新，保证相同类型的入侵事件不能再次发生，所以整个安全策略包括防护、检测、响应和恢复，这 4 部分组成了一个信息安全周期，信息的安全得到全方位的保障。

5.1.4 网络安全保障技术

网络安全强调的是通过采用各种安全技术和管理上的安全措施，确保网络数据在公用网络系统中传输、交换和存储流通的保密性、完整性、可用性、可控性和不可否认性。网络安全技术是在网络攻击的对抗中不断发展的，它大致经历了从静态到动态、从被动防御到主动防御的发展过程。当前采用的网络信息安全保护技术主要有两类：主动防御保护技术和被动防御保护技术。

1. 主动防御保护技术

主动防御保护技术一般采用数据加密、身份鉴别、访问控制和虚拟专用网等技术来实现。

① 数据加密。数据加密技术被公认为是保护网络信息安全的最实用的方法，人们普遍认

为，对数据最有效的保护就是加密。

② 身份鉴别。身份鉴别强调一致性验证，通常包括验证依据、验证系统和安全要求。

③ 访问控制。访问控制规定了主体对何种客体具有何种操作权力。访问控制是网络安全防范和保护的主要策略，根据控制手段和具体目的的不同，可以将访问控制技术分为入网访问控制、网络权限控制、目录级安全控制和属性安全控制等。访问控制的内容包括人员限制、访问权限设置、数据标识、控制类型和风险分析。

④ 虚拟专用网。虚拟专用网（VPN）是在公用网络基础上进行逻辑分割而虚拟构建的一种特殊通信环境，使用虚拟专用网或虚拟局域网技术，能确保其具有私有性和隐蔽性。

2. 被动防御保护技术

被动防御保护技术主要有防火墙技术、入侵检测系统、安全扫描器、密码验证、审计跟踪、物理保护及安全管理等。

① 防火墙技术。防火墙是内部网络与外部网络之间实施安全防范的系统，可认为是一种访问控制机制，用于确定哪些内部服务允许外部访问，以及哪些外部服务允许内部访问。

② 入侵检测系统。入侵检测系统（IDS）是在系统中的检查位置执行入侵检测功能的程序或硬件执行体，可对当前的系统资源和状态进行监控，检测可能的入侵行为。

③ 安全扫描器。安全扫描器是可自动检测远程或本地主机及网络系统的安全性漏洞的专用功能程序，可用于观察网络信息系统的运行情况。

④ 密码验证。密码验证可有效防止黑客假冒身份登录系统。

⑤ 审计跟踪。与安全相关的事件记录在系统日志文件中，事后可以对网络信息系统的运行状态进行详尽审计，帮助发现系统存在的安全弱点和入侵点，尽量降低安全风险。

⑥ 物理保护及安全管理。例如，实行安全隔离；通过制定标准、管理办法和条例，对物理实体和信息系统加强规范管理，减少人为因素的干扰。

5.1.5 信息安全性等级

可信计算机系统评估准则（Trusted Computer System Evaluation Criteria，TCSEC）又称为橘皮书，它将计算机系统的安全等级划分为 A、B、C、D 共 4 类 7 个级别，如表 5-1 所示。其中，A 类安全等级最高，D 类安全等级最低。TCSEC 标准是计算机系统安全评估的第一个正式标准，具有划时代的意义。该标准于 1970 年由美国国防科学委员会提出，并于 1985 年 12 月由美国国防部公布。TCSEC 标准最初只是军用标准，后来扩展至民用领域。

表 5-1 计算机系统的安全等级

类　别	级　别	名　称	主要特征
A	A	验证设计	形式化的最高级描述和验证
B	B3	安全区域	存取监督，安全内核，高抗渗透能力
	B2	结构保护	面向安全的体系结构，较好的抗渗透能力
	B1	标识安全保护	强制存取控制，安全标识
C	C2	访问控制保护	存取控制以用户为单位，广泛的审计、跟踪
	C1	选择性安全保护	有选择的存取控制，用户与数据分离
D	D	低级保护	没有安全保护

① D 级。D 级是最低的安全级别，整个系统是不可信任的。拥有这个级别的操作系统就像一个敞开大门的房子，任何人可以自由进出，是完全不可信任的。对于硬件来说，没有任何保护措施；对于操作系统来说，很容易受到损害。没有系统访问限制和数据访问限制，任何人不需要账户就可以进入系统，不受任何限制就可以访问他人的数据文件。

② C 级。C 级安全级别能够提供审慎的保护功能，并具有对用户的行为和责任进行审计的能力。该安全级别由 C1 和 C2 两个子安全级别共同组成。

C1 级又称选择性安全保护级别，它要求系统硬件有一定的安全保护措施（如硬件有带锁装置，需要钥匙才能使用计算机），用户在使用前必须登录到系统。另外，作为 C1 级保护的一部分，允许系统管理员为一些程序或数据设立访问许可权限等。

C2 级又称访问控制保护级别，除 C1 级所包含的特性外，还具有访问控制环境（Controlled Access Environment）的安全特征。访问控制环境具有进一步限制用户执行某些命令或访问某些文件的能力，这不仅基于许可权限，还基于身份验证。这种级别要求对系统加以审计（Audit），并写入日志中。例如，用户何时开机、哪个用户在何时何地登录系统等。通过查看日志信息，就可以发现入侵的痕迹，如发现多次登录失败的日志信息，那么可大致得出有人想入侵系统。另外，审计用来跟踪记录所有与安全有关的事件，如系统管理员所执行的操作活动。审计的缺点就是需要额外的处理器时间和磁盘空间。Linux、UNIX 和 Windows Server 2016 属于这个级别。

③ B 级。B 级具有强制性保护功能，强制性保护意味着如果用户没有与安全等级相连，系统就不会允许用户存取对象。B 级又可细分为 B1、B2 和 B3 三个子安全级别。

B1 级又称标识安全保护（Labeled Security Protection）级别，是支持多级安全（如秘密和绝密）的第一个级别。对象（如盘区、文件服务器目录等）必须在强制性访问控制之下，系统不允许文件的拥有者更改它们的许可权限。

B2 级又称结构保护（Structured Protection）级别，要求计算机系统中所有的对象都加注标签，还给设备（如磁盘等）分配单个或多个安全级别。

B3 级又称安全区域（Security Domain）级别，使用安装硬件的方式来加强域的安全。例如，安装内存管理硬件用于保护安全域免遭无授权访问或更改其他安全域的对象。该级别要求用户的终端通过一条可信任的途径连接到系统上。

④ A 级。A 级又称为验证设计（Verity Design）级别，是当前橘皮书的最高级别，包括一个严格的设计、控制和验证过程。与前面提到的各级别一样，这一级别包含了较低级别的所有的安全特性。安全设计必须是从数学角度上经过验证的，而且必须进行秘密通道和可信任分布的分析。可信任分布（Trusted Distribution）的含义是硬件和软件在物理传输过程中受到保护，以防止破坏安全系统。

我国的网络安全标准主要是于 2001 年 1 月 1 日起实施的由公安部主持制定、国家标准化管理委员会发布的中华人民共和国标准《计算机信息系统　安全保护等级划分准则》（GB 17859—1999）。该标准将信息系统安全划分为以下 5 个等级。

（1）用户自主保护级。本级的安全保护机制使用户具备自主安全保护能力，保护用户的信息免受非法的读 / 写和破坏。

（2）系统审计保护级。除具备用户自主保护级的所有安全保护功能外，要求创建和维护访问的审计跟踪记录，以记录与系统安全相关事件发生的日期、时间、用户和事件类型等信息，使所有用户对自己行为的合法性负责。

（3）安全标记保护级。除继承系统审计保护级的安全功能外，要求为访问者和访问对象指定安全标记，以访问对象标记的安全级别限制访问者的访问权限，实现对访问对象的强制保护。

（4）结构化保护级。在继承安全标记保护级安全功能的基础上，将安全保护机制划分成关键部分和非关键部分，其中关键部分直接控制访问者对访问对象的存取，从而加强系统的抗渗透能力。

（5）访问验证保护级。这一级别特别增设了访问验证功能，负责仲裁访问者对访问对象的所有访问活动。本级具有极强的抗渗透能力。

5.1.6 网络安全法

在 2017 年 6 月 1 日《中华人民共和国网络安全法》（简称《网络安全法》）开始正式实施以后，我国的信息安全等级保护体系全面升级为网络安全等级保护，等级保护进入 2.0 时代。2019 年 5 月，《信息安全技术　网络安全等级保护基本要求》（GB/T 22239—2019）发布，并于 2019 年 12 月 1 日开始正式实施。

《网络安全法》强调在网络安全等级保护制度的基础上，对关键信息基础设施实行重点保护，明确关键信息基础设施的运营者负有更多的安全保护义务，并配以国家安全审查、重要数据强制本地存储等法律措施，确保关键信息基础设施的运行安全。

《网络安全法》第 21 条规定，国家实行网络安全等级保护制度。网络运营者应当按照网络安全等级保护制度的要求，履行下列安全保护义务，保障网络免受干扰、破坏或者未经授权的访问，防止网络数据泄露或者被窃取、篡改：①制定内部安全管理制度和操作规程，确定网络安全负责人，落实网络安全保护责任；②采取防范计算机病毒和网络攻击、网络入侵等危害网络安全行为的技术措施；③采取监测、记录网络运行状态和网络安全事件的技术措施，并按照规定留存相关的网络日志不少于六个月；④采取数据分类、重要数据备份和加密等措施；⑤法律、行政法规规定的其他义务。

《网络安全法》第 31 条规定，国家对公共通信和信息服务、能源、交通、水利、金融、公共服务、电子政务等重要行业和领域，以及其他一旦遭到破坏、丧失功能或者数据泄露，可能严重危害国家安全、国计民生、公共利益的关键信息基础设施，在网络安全等级保护制度的基础上，实行重点保护。关键信息基础设施的具体范围和安全保护办法由国务院制定。

网络安全等级保护对象是指由计算机或其他信息终端及相关设备组成的按照一定的规则和程序对信息进行收集、存储、传输、交换、处理的系统，主要包括基础信息网络、云计算平台 / 系统、大数据应用 / 平台 / 资源、物联网、工业控制系统和采用移动互联技术的系统等。网络安全等级保护对象根据其在国家安全、经济建设、社会生活中的重要程度，遭到破坏后对国家安全、社会秩序、公共利益及公民、法人和其他组织的合法权益的危害程度等，由低到高被划分为以下 5 个安全保护等级。

（1）第一级，网络安全等级保护对象受到破坏后，会对公民、法人和其他组织的合法权益造成损害，但不损害国家安全、社会秩序和公共利益。

（2）第二级，网络安全等级保护对象受到破坏后，会对公民、法人和其他组织的合法权益造成严重损害，或者对社会秩序和公共利益造成损害，但不损害国家安全。

（3）第三级，网络安全等级保护对象受到破坏后，会对公民、法人和其他组织的合法权益造成特别严重损害，或者对社会秩序和公共利益造成严重损害，或者对国家安全造成损害。

（4）第四级，网络安全等级保护对象受到破坏后，会对社会秩序和公共利益造成特别严重损害，或者对国家安全造成严重损害。

（5）第五级，网络安全等级保护对象受到破坏后，会对国家安全造成特别严重损害。

对于基础信息网络、云计算平台、大数据平台等支撑类网络，应根据其承载或将要承载的网络安全等级保护对象的重要程度确定其安全保护等级，原则上应不低于其承载的网络安全等级保护对象的安全保护等级。原则上，大数据安全保护等级不低于第三级；对于关键信息基础设施，其安全保护等级不低于第三级。

网络安全等级保护的核心是保证不同安全保护等级的对象具有相适应的安全保护能力。网络安全等级保护从技术和管理两个方面提出安全要求，强调网络安全等级保护对象的安全防护应考虑从通信网络到区域边界，再到计算环境的从外到内的整体防护。同时要考虑对其所处的物理环境的安全防护，形成纵深防御体系。对级别较高的网络安全等级保护对象还需要考虑对分布在整个系统中的安全功能或安全组件的集中技术管理手段，以保证网络安全等级保护对象整体的安全保护能力。

5.2　同步练习

5.2.1　判断题

1．保密性是指信息不能被任何人看到的特性。（　　）

2．2020 年 1 月 1 日，《中华人民共和国密码法》正式施行。（　　）

3．国家实行网络安全等级保护制度。（　　）

4．数据的安全级别是需要分级的，因为只有分级了，才能讨论采取不同的安全措施。（　　）

5．密码工作是党和国家的一项特殊重要工作，直接关系国家政治安全、经济安全、国防安全和信息安全。（　　）

6．匿名通信是指采取一定的措施隐蔽通信流中的通信关系，使窃听者难以获取或推知通信双方的关系及内容。（　　）

7．匿名通信的目的就是隐蔽通信双方的身份或通信关系，保护网络用户的个人通信隐私。（　　）

5.2.2　选择题

1．信息安全的基本属性不包括（　　）。

A．完整性　　B．公开性　　C．不可否认性　　D．可用性

2．关于完整性检测，（　　）是正确的。

A．黑客无法篡改报文 P

B．黑客无法篡改附加信息 C

C．黑客无法同时篡改报文 P 和附加信息 C

D．黑客无法同时篡改报文 P 和附加信息 C，且使篡改后的报文 P 和附加信息 C 能够保持一致性

3．信息在通过网络进行传输的过程中，存在被篡改的风险，为了解决这一安全隐患，通常采用（　　）。

A．加密技术　　B．匿名技术　　C．消息认证技术　　D．数据备份技术

4．CIA 安全信息模型的三要素分别是（　　）。

A．保密性、完整性、不可否认性

B．保密性、完整性、可用性

C．保密性、完整性、可控性

D．保密性、完整性、可审计性

5．关于网络安全目标，（　　）是错误的。

A．可用性是指在遭受攻击的情况下，网络系统依然可以正常运转

B．保密性是指网络中的数据不被非授权用户访问

C．完整性是指保证不出现对已经发送或接收的信息予以否认的现象

D．可控性是指能够限制用户对网络资源的访问

6．（　　）不是以破坏信息可用性为目的的攻击行为。

A．Ping of Death　　B．SYN 洪泛　　C．安装后门程序　　D．DDoS

7．（　　）不是以破坏信息保密性为目的的攻击行为。

A．信息嗅探　　B．信息截获　　C．安装后门程序　　D．DDoS

8．（　　）不属于 IPv4 中 TCP/IP 协议栈的安全缺陷。

A．没有为通信双方提供良好的数据源鉴别机制

B．没有为数据提供较强的完整性保护机制

C．没有提供复杂网络环境下的端到端可靠传输机制

D．没有为数据提供保密性保护机制

第 6 章 密码技术

6.1 知识点

6.1.1 密码学基本概念

待加密的消息称为明文（Plaintext），它经过一个以密钥（Key）为参数的函数变换，这个过程称为加密，输出的结果称为密文（Ciphertext），密文被传送出去，往往由通信员或无线电方式来传送。我们假设黑客听到了完整的密文，并且将密文精确地记录下来。然而，与目标接收者不同的是，他不知道解密密钥是什么，所以他无法轻易地对密文进行解密。有时候黑客不仅可以监听通信信道（被动黑客），还可以将消息记录下来并且在以后某个时刻回放出来，或者插入他自己的消息，或者在合法消息到达目标接收者之前对消息进行篡改（主动黑客）。

用一种合适的标记法将明文、密文和密钥的关系体现出来，这往往会非常有用。我们将使用 $C = E_K(P)$ 来表示用密钥 K 加密明文 P 得到密文 C，类似地，$P = D_K(C)$ 代表用密钥 K 解密密文 C 得到明文 P 的过程。由此可得到：

$$D_K[E_K(P)] = P$$

这种标记法说明了 E 和 D 只是数学函数，事实上也确实如此。

密码学的基本规则是，你必须假定密码分析者知道加密和解密所使用的算法，即密码分析者知道加密模型（见图 6-1）中加密算法 E 和解密算法 D 的所有工作细节。每次当老的加解密算法被泄露（或者认为它们已被泄露）以后，总是需要极大的努力来重新设计、测试和安装新的算法，这使得不公开加解密算法的做法在现实中并不可行。当一个算法已不再保密的时候而仍然认为它是保密的，这将会带来更大的危害。

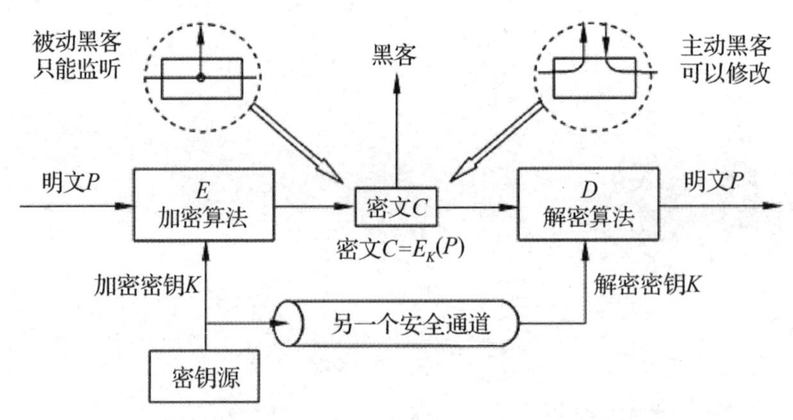

图 6-1　加密模型（假定使用了对称密钥密码）

6.1.2　古典密码技术

从密码学发展历程来看，密码技术可分为古典密码（以字符为基本加密单元的密码）技术及现代密码（以信息块为基本加密单元的密码）技术两类。古典密码技术有着悠久的历史，从古代一直到计算机出现以前，古典密码技术主要有两类基本方法。

（1）替换密码：将明文的字符替换为密文中的另一种字符，接收者只要对密文进行反向替换就可以恢复出明文。

（2）移位密码（又称置换密码）：明文的字符保持相同，但顺序（位置）被打乱了。

古典密码算法大都十分简单，现在已经很少在实际应用中使用了。但是对古典密码学的研究，对于理解、构造和分析现代实用的密码都是很有帮助的，下面是几种简单的古典密码算法。

1. 滚筒密码

在古代，为了确保通信的机密，人们首先有意识地使用一些简单的方法对信息进行加密，古希腊人通过使用一根叫 Scytale 的棍子，对信息进行加密。送信人先将一张羊皮条绕棍子螺旋形卷起来，形成滚筒密码，如图 6-2 所示，然后把要写的信息按某种顺序写在上面，接着打开羊皮条卷，通过其他渠道将信息送给收信人。如果不知道棍子的直径（这里作为密钥）就不容易解密里面的内容，但是收信人可以根据事先和写信人的约定，用同样直径的 Scytale 棍子将信息解密。

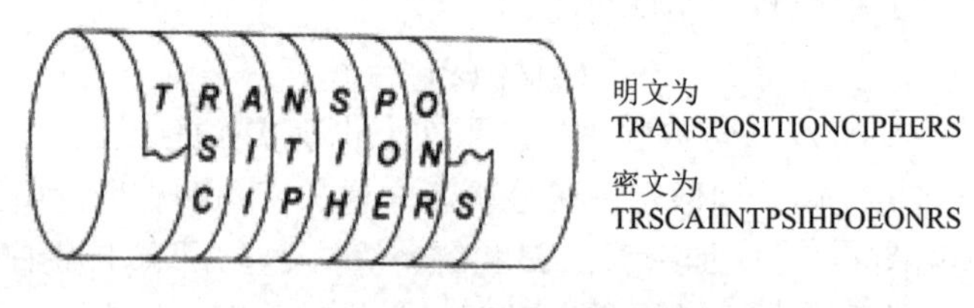

图 6-2　滚筒密码

2. 掩格密码

米兰的物理学家和数学家 Cardano 发明了掩格密码，如图 6-3 所示，可以事先设计好方格的开孔，将所要传递的信息和一些其他无关的符号组合成无效的信息，使截获者难以分析出有效信息。

小明早晨一起床
就看到桌上放着
六块甜点心，他
开心极了，一会
儿就穿好了衣服。

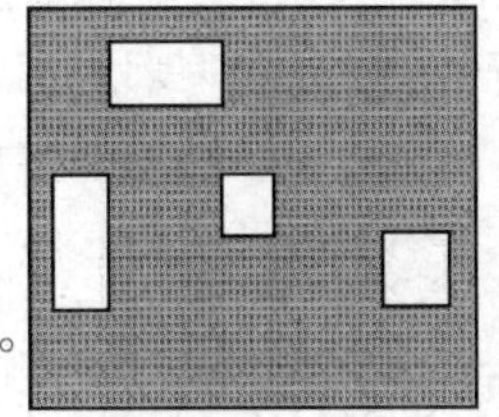

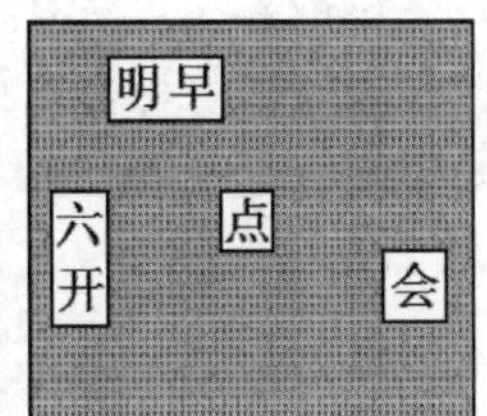

图 6-3　掩格密码

3. 棋盘密码

我们可以建立一张表，如图 6-4 所示，使每一个字符对应一个数（该字符所在行标号＋列标号）。这样将明文变成形式为一串数字的密文。

例如，明文为 Battle on Sunday，密文为 121144443115034330434533141154（其中 0 表示空格）。

0	1	2	3	4	5
1	A	B	C	D	E
2	F	G	H	I	JK
3	L	M	N	O	P
4	Q	R	S	T	U
5	V	W	X	Y	Z

图 6-4　棋盘密码

4. 恺撒密码

据记载在罗马帝国时期，恺撒（Caesar）大帝曾经设计过一种简单的移位密码，用于战时通信。这种加密方法就是将明文的字母按照字母顺序，往后依次递推相同的位数，就可以得到加密的密文，而解密的过程正好和加密的过程相反。

例如，明文 Battle on Sunday 的密文为 yxqqib lk prkaxv（将字母依次左移 3 位，即 $K=-3$）。

如果令 26 个小写字母分别对应于整数 00 ～ 25（用两位数表示），a = 01，b = 02，c = 03，…，y = 25，z = 00，则恺撒加密方法实际上是进行了一次数学取模为 26 的同余运算，即

$$C=(P+K)\bmod 26$$

式中，P 是对应的明文；C 是与明文对应的密文数据；K 是加密用的参数，又称密钥。

例如，明文 Battle on Sunday 对应的密文数据序列为 020120201205 1514 192114040125。

当取密钥 K 为 5 时，则密文数据序列为 070625251710 2019 240019090604。

5. 圆盘密码

由于恺撒密码加密的方法很容易被截获者通过对密钥赋值（1 ～ 25）的方法破解，因此人们进一步将其完善，只要将字母按照不同的顺序进行移动就可以提高破解的难度，增加信

息的保密程度。例如，15 世纪佛罗伦萨人 Alberti 发明的圆盘密码就是这种典型的利用单表置换的加密方法。在两个同心圆盘上，内盘按不同（杂乱）的顺序填好字母或数字，而外盘按照一定顺序填好字母或数字，如图 6-5 所示，转动圆盘就可以找到字母的置换方法，很方便地进行信息的加密与解密。恺撒密码与圆盘密码本质都是一样的，都属于单表置换，即一个明文字母对应的密文字母是确定的，截获者可以分析字母出现的频率，对密码体制进行有效的攻击。

图 6-5　圆盘密码

6. 维吉尼亚密码

为了提高密码破译的难度，人们又发明了一种多表置换的密码，即一个明文字母可以表示为多个密文字母，多表置换加密算法结果将使得对单表置换用的简单频率分析方法失效，其中维吉尼亚（Vigenere）密码就是一种典型的加密方法，维吉尼亚多表置换图如图 6-6 所示。

	A	B	C	D	E	F	G	H	I	J	K	L	M	N	O	P	Q	R	S	T	U	V	W	X	Y	Z
A	A	B	C	D	E	F	G	H	I	J	K	L	M	N	O	P	Q	R	S	T	U	V	W	X	Y	Z
B	B	C	D	E	F	G	H	I	J	K	L	M	N	O	P	Q	R	S	T	U	V	W	X	Y	Z	A
C	C	D	E	F	G	H	I	J	K	L	M	N	O	P	Q	R	S	T	U	V	W	X	Y	Z	A	B
D	D	E	F	G	H	I	J	K	L	M	N	O	P	Q	R	S	T	U	V	W	X	Y	Z	A	B	C
E	E	F	G	H	I	J	K	L	M	N	O	P	Q	R	S	T	U	V	W	X	Y	Z	A	B	C	D
F	F	G	H	I	J	K	L	M	N	O	P	Q	R	S	T	U	V	W	X	Y	Z	A	B	C	D	E
G	G	H	I	J	K	L	M	N	O	P	Q	R	S	T	U	V	W	X	Y	Z	A	B	C	D	E	F
H	H	I	J	K	L	M	N	O	P	Q	R	S	T	U	V	W	X	Y	Z	A	B	C	D	E	F	G
I	I	J	K	L	M	N	O	P	Q	R	S	T	U	V	W	X	Y	Z	A	B	C	D	E	F	G	H
J	J	K	L	M	N	O	P	Q	R	S	T	U	V	W	X	Y	Z	A	B	C	D	E	F	G	H	I
K	K	L	M	N	O	P	Q	R	S	T	U	V	W	X	Y	Z	A	B	C	D	E	F	G	H	I	J
L	L	M	N	O	P	Q	R	S	T	U	V	W	X	Y	Z	A	B	C	D	E	F	G	H	I	J	K
M	M	N	O	P	Q	R	S	T	U	V	W	X	Y	Z	A	B	C	D	E	F	G	H	I	J	K	L
N	N	O	P	Q	R	S	T	U	V	W	X	Y	Z	A	B	C	D	E	F	G	H	I	J	K	L	M
O	O	P	Q	R	S	T	U	V	W	X	Y	Z	A	B	C	D	E	F	G	H	I	J	K	L	M	N
P	P	Q	R	S	T	U	V	W	X	Y	Z	A	B	C	D	E	F	G	H	I	J	K	L	M	N	O
Q	Q	R	S	T	U	V	W	X	Y	Z	A	B	C	D	E	F	G	H	I	J	K	L	M	N	O	P
R	R	S	T	U	V	W	X	Y	Z	A	B	C	D	E	F	G	H	I	J	K	L	M	N	O	P	Q
S	S	T	U	V	W	X	Y	Z	A	B	C	D	E	F	G	H	I	J	K	L	M	N	O	P	Q	R
T	T	U	V	W	X	Y	Z	A	B	C	D	E	F	G	H	I	J	K	L	M	N	O	P	Q	R	S
U	U	V	W	X	Y	Z	A	B	C	D	E	F	G	H	I	J	K	L	M	N	O	P	Q	R	S	T
V	V	W	X	Y	Z	A	B	C	D	E	F	G	H	I	J	K	L	M	N	O	P	Q	R	S	T	U
W	W	X	Y	Z	A	B	C	D	E	F	G	H	I	J	K	L	M	N	O	P	Q	R	S	T	U	V
X	X	Y	Z	A	B	C	D	E	F	G	H	I	J	K	L	M	N	O	P	Q	R	S	T	U	V	W
Y	Y	Z	A	B	C	D	E	F	G	H	I	J	K	L	M	N	O	P	Q	R	S	T	U	V	W	X
Z	Z	A	B	C	D	E	F	G	H	I	J	K	L	M	N	O	P	Q	R	S	T	U	V	W	X	Y

图 6-6　维吉尼亚多表置换图

维吉尼亚密码使用一个词组（或语句）作为密钥，词组中每一个字母都作为移位替换密钥确定一个替换表，维吉尼亚密码循环地使用每一个替换表完成从明文字母到密文字母的变换，最后所得到的密文字母序列即加密得到的密文。

例如，假设明文 P = data security，密钥 K = best。可以先将 P 分解为每一节长度为 4 个字母的序列 data secu rity。每一节利用密钥 K = best 加密得密文 $C = E_K(P)$ = EELT TIUN SMLR。当密钥 K 取的词组很长时，截获者就很难将密文破解。

6.1.3　对称密码技术

现代密码算法不再依赖算法的保密，而把算法和密钥分开。其中，算法可以公开，而密钥是保密的，密码系统的安全性在于保持密钥的保密性。如果加密密钥和解密密钥相同，或者可以从一个推出另一个，则一般称其为对称密钥或单钥密码体制。对称密码技术加密速度快，使用的加密算法简单，安全强度高，但是密钥的完全保密较难实现，此外，大系统中密钥的管理难度也较大。

1. 对称密码技术原理

对称加密算法是应用较早的加密算法，技术成熟。在对称加密算法中，使用的密钥只有一个，发送方和接收方都使用这个密钥对数据进行加密或解密，这就要求解密方事先必须知道加密密钥，其通信模型如图 6-7 所示。

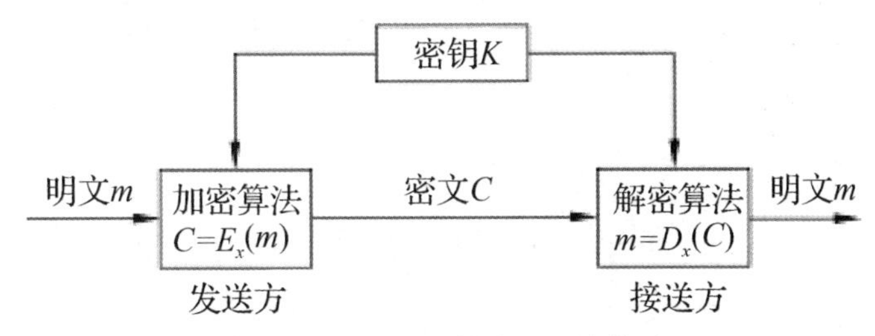

图 6-7　对称加密算法的通信模型

对称加密系统的安全性依赖于以下两个因素：第一，加密算法必须是足够强的，仅仅基于密文本身去解密信息在实践上是不可能的；第二，加密算法的安全性依赖于密钥的保密性，而不是算法的保密性。对称加密系统可以以硬件或软件的形式实现，其算法实现速度很快，并得到了广泛的应用。

对称加密算法的优点是算法公开，计算量小、加密速度快、加密效率高；不足之处是通信双方使用同一个密钥，安全性得不到保证。

此外，如果有 n 个用户相互之间进行保密通信，若每对用户使用不同的对称密钥，则密钥总数将达到 $n(n-1)/2$ 个，当 n 值较大时，$n(n-1)/2$ 值会很大，这使得密钥的管理很难。

常用的对称加密算法有 DES、IDEA 和 AES 等。

2. DES 算法

DES 算法的发明人是 IBM 公司的 W.Tuchman 和 C.Meyer。美国商业部国家标准局（NBS）于 1973 年 5 月和 1974 年 8 月两次发布通告，公开征求用于计算机的加密算法，经评选，从一大批算法中采纳了 IBM 公司的 LUCIFER 方案，该算法于 1976 年 11 月被美国政府采用，随后被美国国家标准局和美国国家标准协会（ANSI）承认，并于 1977 年 1 月以数据加密标准 DES（Data Encryption Standard）的名称正式向社会公布，于 1977 年 7 月 15 日生效。

DES 算法是一种对二元数据进行加密的分组加密算法，数据分组长度为 64 位（8 字节），密文分组长度也是 64 位，没有数据扩展。密钥长度为 64 位，其中有效密钥长度为 56 位，其余 8 位作为奇偶校验。DES 算法的整个体制是公开的，系统的安全性主要依赖密钥的保密性，其算法主要由初始置换、16 轮迭代的乘积变换、逆初始置换及 16 个子密钥产生器构成。56 位 DES 加密算法的框图如图 6-8 所示。

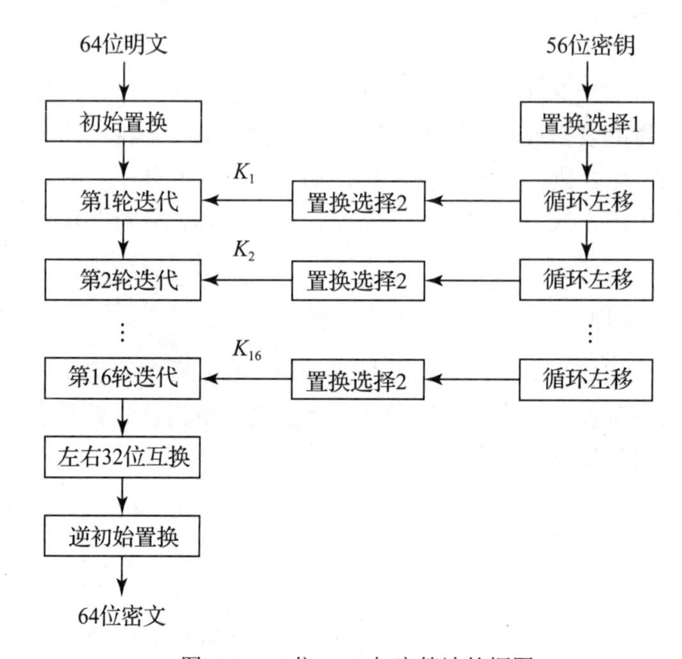

图 6-8　56 位 DES 加密算法的框图

在图 6-8 中，明文加密过程如下。

（1）将长的明文分割成 64 位的明文段，逐段加密。将 64 位明文段首先进行与密钥无关的初始置换处理。

（2）初始置换后的结果要进行 16 轮的迭代处理，每轮迭代的框图相同，但参加迭代的子密钥不同，密钥共 56 位，经过置换选择 1 后，循环左移再进行置换选择 2，产生 48 位每轮子密钥 K_i。

（3）经过 16 轮迭代处理后的结果进行左右 32 位的位置互换。

（4）将结果进行一次与初始置换相逆的还原置换处理（逆初始置换），得到 64 位的密文。

上述加密过程中的基本运算包括置换、替代和异或运算。DES 算法是一种对称算法（单钥加密算法），既可用于加密，又可用于解密。解密的过程和加密相似，但密钥使用顺序刚好相反。

DES 算法是一种分组加密算法，是两种基本的加密组块替代和置换的细致而复杂的结合，它通过反复依次应用这两项技术来提高密码强度，经过共 18 轮的替代和置换的变换后，密码分析者无法获得该算法一般特性以外的更多信息。对于 DES 加密，除尝试所有可能的密钥外，还没有已知的技术可以求得所用的密钥。DES 算法可以通过软件或硬件来实现。

自 DES 成为美国国家标准以来，已经有许多公司设计并推广了实现 DES 算法的产品，有的设计专用 LSI 器件或芯片，有的用现成的微处理器实现，有的只限于实现 DES 算法，有的则可以运行各种工作模式。

针对 DES 算法密钥短的问题，科学家又研制了三重 DES（或称 3DES）算法，把密钥长度提高到 112 位或 168 位。

3. IDEA 算法

国际数据加密算法 IDEA 是由瑞士科学工作者提出的，它于 1990 年正式公布并在之后得到增强。IDEA 算法是在 DES 算法的基础上发展而来的，类似于三重 DES 算法。IDEA 算法也是对 64 位大小的数据块加密的分组加密算法，密钥长度为 128 位，它基于"相异代数群上的混合运算"思想设计算法，用硬件和软件实现都很容易，且比 DES 算法在实现上快很多。IDEA 算法自问世以来，已经历了大量的验证，对密码分析具有很强的抵抗能力，在多种商业产品中被使用。IDEA 算法的密钥长度为 128 位，这么长的密钥在今后若干年内应该是安全的。

IDEA 算法设计了一系列的加密轮次，每轮加密都使用从完整的加密密钥中生成的一个子密钥。与 DES 算法不同之处在于，它采用软件实现和硬件实现同样快速。

由于 IDEA 算法是在美国之外提出并发展起来的，避开了美国法律上对加密技术的诸多限制，因此有关 IDEA 算法和实现技术的书籍可以自由出版和交流，这极大地促进了 IDEA 算法的发展和完善。

4. AES 算法

密码学中的 AES（Advanced Encryption Standard，高级加密标准）算法，又称 Rijndael 加密算法，是美国联邦政府采用的一种区块加密标准。这个标准用来替代原先的 DES，已经被多方分析且广为全世界所使用。经过 5 年的甄选流程，AES 由美国国家标准与技术研究院（NIST）于 2001 年 11 月 26 日发布于 FIPS PUB 197，并在 2002 年 5 月 26 日成为有效的标准。2006 年，AES 已然成为对称密钥加密中最流行的算法之一。

AES 算法是比利时密码学家 Joan Daemen 和 Vincent Rijmen 设计的，结合两位作者的名字，被命名为 Rijndael。

AES 的基本要求是，采用对称分组密码体制，密钥长度为 128 位、192 位、256 位，分组长度为 128 位，算法应易于各种硬件和软件实现。1998 年，NIST 开始 AES 第一轮分析、测试和征集，共产生了 15 个候选算法。1999 年 3 月，NIST 完成了第二轮 AES 的分析、测试。2000 年 10 月 2 日，美国联邦政府正式宣布选中比利时密码学家 Joan Daemen 和 Vincent Rijmen 提出的一种密码算法 Rijndael 作为 AES。

在应用方面，尽管 DES 在安全上是脆弱的，但由于快速 DES 芯片的大量生产，因此 DES 仍能暂时继续使用，为提高安全强度，通常使用独立密钥的三重 DES。但是 DES 迟早要被 AES 替换。

目前，几种对称加密算法都在不同的场合得到具体应用，几种对称加密算法的比较如表 6-1 所示。

表 6-1　几种对称加密算法的比较

算　法	密钥长度（bit）	分组长度（bit）	循环次数
DES	56	64	16
三重 DES	112、168	64	48
IDEA	128	64	8
AES	128、192、256	128	10、12、14

6.1.4　非对称密码技术

若加密密钥和解密密钥不相同，或者根据其中一个难以推出另一个，则称为非对称密码技术或双钥密码技术，也称为公开密钥技术。非对称密码技术使用两个完全不同但又完全匹配的一对密钥——公钥和私钥。公钥是可以公开的，而私钥是保密的。

1. 非对称密码技术原理

1976 年，Diffie 和 Hellman 在《密码学的新方向》一文中提出了公钥密码体制的思想，开创了现代密码学的新领域。

非对称密码技术的加密密钥和解密密钥不相同，它们的值不等，属性也不同，一个是可以公开的公钥；另一个则是需要保密的私钥。非对称密码技术的特点是加密能力和解密能力是分开的，即加密与解密的密钥不同，或者根据一个难以推出另一个。它可以实现多个用户用公钥加密的信息只能由一个用户用私钥解读，或者反过来，由一个用户用私钥加密的信息可被多个用户用公钥解读。其中，前一种方式可用于在公用网络中实现保密通信；后一种方式可用于在认证系统中对信息进行数字签名。

非对称密码体制的通信模型如图 6-9 所示。

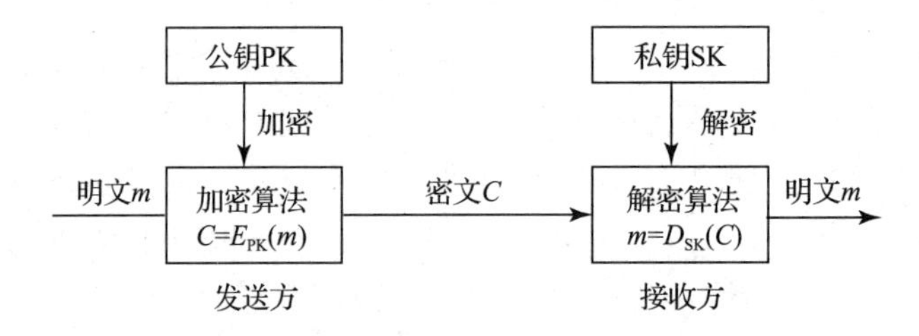

图 6-9　非对称密码体制的通信模型

非对称加密算法的主要特点如下。

（1）用加密密钥 PK（公钥）对明文 m 加密后得到密文，用解密密钥 SK（私钥）对密文解密，即可恢复出明文 m，即

$$D_{SK}(E_{PK}(m)) = m$$

（2）加密密钥不能用来解密，即

$$D_{PK}(E_{PK}(m)) \neq m; \quad D_{SK}(E_{SK}(m)) \neq m$$

（3）用 PK 加密的信息只能用 SK 解密；用 SK 加密的信息只能用 PK 解密。

（4）从已知的 PK 不可能推导出 SK。

（5）加密和解密的运算可对调，即

$$E_{PK}(D_{SK}(m)) = m$$

非对称密码体制大大简化了复杂的密钥分配管理问题，但非对称加密算法要比对称加密算法慢得多（约差1 000倍）。因此，在实际通信中，非对称密码体制主要用于认证（如数字签名、身份识别）和密钥管理等，而信息加密仍利用对称密码体制。非对称密码体制的杰出代表是 RSA 算法。

2. RSA 算法

RSA 算法是由美国麻省理工学院的 Rivest、Shamir 和 Adleman 三位科学家设计的用数论构造双钥的方法，是公钥密码系统的加密算法的一种，它不仅可以作为加密算法来使用，还可以用于数字签名和密钥分配与管理。RSA 算法在全世界已经得到了广泛的应用，ISO 在 1992 年颁布的国际标准 X.509 中，将 RSA 算法正式纳入国际标准。1999 年，美国参议院通过立法，规定电子数字签名与手写签名的文件、邮件在美国具有同等的法律效力。我国于 2004 年 8 月 28 日通过了《中华人民共和国电子签名法》，并于 2005 年 4 月 1 日起施行。在 Internet 中广泛使用的电子邮件和文件加密软件 PGP（Pretty Good Privacy）将 RSA 算法作为传送会话密钥和数字签名的标准算法。RSA 算法的安全性建立在数论中“大数分解和素数检测”的理论基础上。

（1）RSA 算法表述。

① 首先选择两个大素数 p 和 q（典型值应大于 10^{100}，且 p 和 q 是保密的）。

② 计算 $n = p \times q$ 和 $z = (p-1) \times (q-1)$，z 是保密的。

③ 选择一个与 z 互素（没有公因子）的数 d。

④ 找到 e，使其满足 $(d \times e) \bmod z = 1$。

⑤ 公钥为 (e,n)，而私钥为 (d,n)。

计算出这些参数后，下面就可以执行加解密了。首先将明文（可以看作一个位串）分成块，每块有 k 位（最后一块可以小于 k 位），这里 k 是满足 $2^k < n$ 的最大数。为了加密信息 P，可计算 $C = P^e \bmod n$。为了解密 C，只要计算 $P = C^d \bmod n$ 即可。可以证明，对于指定范围内的所有 P，加密和解密函数互为反函数。为了执行加密，则需要 e 和 n；为了执行解密，则需要 d 和 n。因此，公钥是由 (e, n) 对组成的，而私钥是由 (d, n) 对组成的。

图 6-10 举例说明了 RSA 算法是如何工作的。

明文（P）			密文（C）		解密后	
符号	数值	P^3	P^3（mod 33）	C^7	C^7（mod 33）	符号
S	19	6859	28	13492928512	19	S
U	21	9261	21	1801088541	21	U
Z	26	17576	20	1280000000	26	Z
A	01	1	1	1	1	A
N	14	2744	5	78125	14	N
N	14	2744	5	78125	14	N
E	05	125	26	8031810176	5	E
发送方的计算				接收方的计算		

图 6-10　RSA 算法用例

这里，我们选择 $p = 3$，$q = 11$（实际 p、q 为大质数）。

则 $n = p \times q = 33$，$z = (p-1) \times (q-1) = 20$。

因为 7 与 20 互素，所以可以选择 $d = 7$。

使等式 $(7 \times e) \bmod 20 = 1$ 成立的 $7 \times e$ 值有 21、41、61、81、101……，选择 $e = 3$。

对原始信息 P 加密：计算密文 $C = P^3 \bmod 33$，使用公钥为 $(3, 33)$。

对加密信息 C 解密：计算明文 $P = C^7 \bmod 33$，使用私钥为 $(7, 33)$。

$P = 2^k < 33$，取 $k = 5$，即用 5 位表示一个信息，有 32（$=2^5$）种表示。分别用其中的 1～26 表示 26 个英文字母 A～Z。

例如，明文 SUZANNE 可表示为 19 21 26 01 14 14 05。

（2）RSA 算法安全性分析。

RSA 算法的保密性基于一个数学假设：对一个很大的合数进行质因数分解是不可能的。若 RSA 算法用到的两个质数足够大，则可以保证使用目前的计算机无法分解。即 RSA 公钥密码体制的安全性取决于根据公钥 (e, n) 计算出私钥 (n, d) 的困难程度。想要根据公钥 (e, n) 算出 d，只能分解整数 n 的因子，即根据 n 找出它的两个质因数 p 和 q，但大数分解是一个十分困难的问题。RSA 算法的安全性取决于模 n 分解的困难性，但数学上至今还未证明分解模就是攻击 RSA 算法的最佳方法。尽管如此，人们还是从信息破译、密钥空间选择等角度提出了针对 RSA 算法的其他攻击方法，如迭代攻击法、选择明文攻击法、公用模攻击法、低加密指数攻击法、定时攻击法等，但其攻击成功的概率微乎其微。

出于安全考虑，建议在 RSA 算法中使用 1024 位的 n；对于重要场合，n 应该使用 2048 位。

3. Diffie-Hellman 算法

1976 年，Diffie 和 Hellman 首次提出了公钥算法的概念，也正是他们实现了第一个公钥算法——Diffie-Hellman 算法。Diffie-Hellman 算法的安全性源于在有限域上计算离散对数比计算指数更为困难。

Diffie-Hellman 算法的思路是：首先必须公布两个公开的整数 n 和 g，n 是大素数，g 是模 n 的本原元。当 Alice 和 Bob 要进行秘密通信时，则执行以下步骤。

（1）Alice 秘密选取一个大的随机数 x（$x<n$），计算 $X = g^x \bmod n$，并且将 X 发送给 Bob。

（2）Bob 秘密选取一个大的随机数 y（$y<n$），计算 $Y = g^y \bmod n$，并且将 Y 发送给 Alice。

（3）Alice 计算 $k = Y^x \bmod n$。

（4）Bob 计算 $k' = X^y \bmod n$。

这里 k 和 k' 都等于 $g^{xy} \bmod n$。因此 k 就是 Alice 和 Bob 独立计算的秘密密钥。

从上面的分析可以看出，Diffie-Hellman 算法仅限于密钥交换的用途，而不能用于加密或解密，因此该算法通常称为 Diffie-Hellman 密钥交换。这种密钥交换的目的在于使两个用户安全地交换一个秘密密钥，以便于以后的报文加密。

其他的常用公钥算法还有 DSA 算法（数字签名算法）、ElGamal 算法等。

对称加密和非对称加密各有特点，适用于不同的场合，两者的比较如表 6-2 所示。

表 6-2 对称加密和非对称加密的比较

特 性	对称加密	非对称加密
密钥的数量	单一密钥	密钥是成对的
密钥种类	密钥是秘密的	一个公开，另一个私有
密钥管理	不好管理	需要数字证书及可靠第三者
加解密速度	非常快	慢
用途	大量信息的加密	少量信息的加密、数字签名等

6.1.5 单向散列算法

使用公钥加密算法对信息进行加密是非常耗时的，因此加密人员想出了一种办法来快速生成一个能代表发送方消息的简短而独特的消息摘要，这个摘要可以被加密并作为发送方的数字签名。

通常，产生消息摘要的快速加密算法称为单向散列函数（Hash 函数）。单向散列函数不使用密钥，它只是一个简单的函数，可以把任何长度的一个消息转化为一个叫作消息摘要的简单的字符串。

消息摘要的主要特点如下。

（1）无论输入的消息有多长，计算出来的消息摘要的长度总是固定的。例如，应用 MD5 算法产生的消息摘要有 128 位，用 SHA/SHA-1 算法产生的消息摘要有 160 位，SHA/SHA-1 算法的变体可以产生 256 位、384 位和 512 位的消息摘要。一般认为，消息摘要的最终输出越长，该消息摘要算法就越安全。

（2）消息摘要看起来是“随机的”。这些比特看上去是胡乱地凑在一起的。可以用大量的输入来检验其输出是否相同，一般，不同的输入会有不同的输出。但是，一个消息摘要并不是真正随机的，因为用相同的算法对相同的消息求两次摘要，其结果必然相同；而若消息摘要是真正随机的，则无论如何都是无法重现的。因此，消息摘要是“伪随机的”。

（3）一般地，只要输入的消息不同，对其进行摘要以后产生的消息摘要也必不相同；但相同的输入必会产生相同的输出。这正是好的消息摘要算法所具有的性质：输入改变了，输出也就改变了；两个相似的消息的摘要却不相近，甚至会大相径庭。

（4）消息摘要函数是单向函数，即只能进行正向的消息摘要，而无法从摘要中恢复出任何的消息，甚至根本就找不到任何与原消息相关的信息。

因此，消息摘要可以用于完整性校验，验证消息是否被修改或伪造。

6.1.6 数字签名技术

随着计算机网络的发展，电子商务、电子政务、电子金融等系统得到了广泛应用，在网络传输过程中，通信双方可能存在一些问题。消息接收方可以伪造一个消息，并声称是由发送方发送过来的，从而获得非法利益；同样，消息发送方可以否认发送过的消息，从而获得非法利益。因此，在电子商务中，某一个用户在下订单时，必须要能够确认该订单确实为自己发出，而非他人伪造；另外，在用户与商家发生争执时，也必须存在一种手段，能够为双方关于订单进行仲裁。这就需要一种新的安全技术来解决通信过程中引起的争端，由此出现了对签名电子化的需求，即数字签名技术（Digital Signature）。

使用密码技术的数字签名正是一种作用类似于传统的手写签名或印章的电子标记，因此使用数字签名能够解决通信双方因为否认、伪造、冒充和篡改等引发的争端。数字签名的目的就是认证网络通信双方身份的真实性，防止相互欺骗或抵赖。数字签名是信息安全的一个重要研究领域，是实现安全电子交易的核心之一。

1. 数字签名的基本原理

鉴别文件或书信真伪的传统做法是亲笔签名或盖章。签名起到认证、核准、生效的作用。

电子商务、电子政务等应用要求对电子文档进行辨认和验证，因而产生了数字签名。数字签名既可以保证消息完整性，又可以提供消息发送方的身份认证。发送方对所发消息不能抵赖。

发送方首先将消息按双方约定的单向散列算法计算，得到一个固定位数的消息摘要，在数学上保证只要改动消息的任何一位，重新计算出来的消息摘要就会与原先不同，这样就保证了消息的不可更改；然后把该消息摘要用发送方的私钥进行加密，得到的密文（加密的消息摘要）即数字签名；最后将原消息和数字签名一起发送给接收方。

接收方收到消息和数字签名后，首先用同样的单向散列算法对消息计算消息摘要，然后与用发送方的公钥对数字签名进行解密得到的消息摘要相比较，如果两者相同，则说明消息确实来自发送方，并且消息是真实的，因为使用发送方的私钥加密的消息只有使用发送方的公钥才能进行解密，从而保证了消息的真实性和发送方的身份。

2. 举例说明

下面以 Alice 和 Bob 的通信为例来说明数字签名的过程，如图 6-11 所示。

（1）Alice 使用单向散列函数对要发送的消息（明文）计算消息摘要。

（2）Alice 使用自己的私钥对消息摘要进行加密，得到加密的消息摘要（数字签名）。

（3）Alice 将消息（明文）和加密的消息摘要（数字签名）一起发送给 Bob。

（4）Bob 收到"消息＋加密的消息摘要"后，使用相同的单向散列函数对消息（明文）计算消息摘要。

（5）Bob 使用 Alice 的公钥对收到的加密的消息摘要（数字签名）进行解密，得到消息摘要。

（6）Bob 将自己计算得到的消息摘要与解密得到的消息摘要进行比较，如果相同，那么说明签名是有效的；否则说明消息不是 Alice 发送的，或者消息有可能被篡改了。

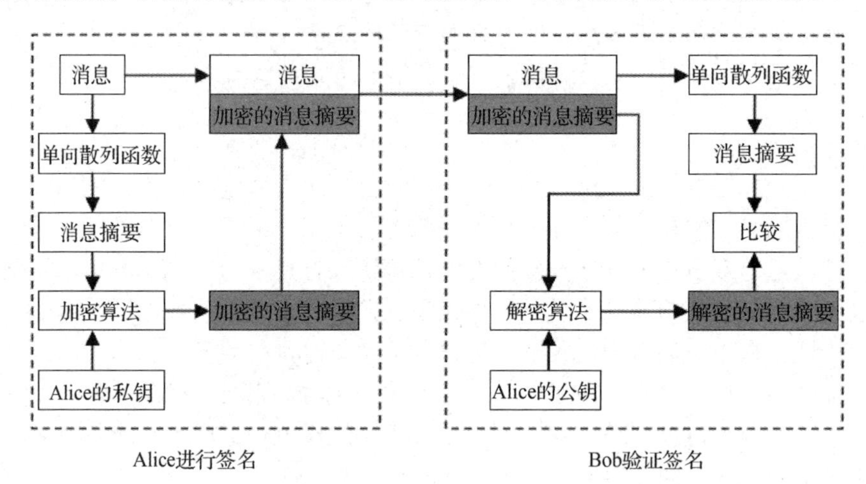

图 6-11　数字签名的过程

在图 6-11 中，Bob 接收到的消息是未加密的，如果消息本身需要保密，那么 Alice 发送前可用 Bob 的公钥对"消息＋加密的消息摘要"进行加密，Bob 接收后，先用自己的私钥进行解密，再验证数字签名。

由上可见，数字签名可以保证以下几点。

- 可验证：数字签名是可以被验证的。
- 防抵赖：防止发送方事后不承认发送消息并签名。

- 防假冒：防止攻击方冒充发送方向接收方发送消息。
- 防篡改：防止攻击方或接收方对收到的消息进行篡改。
- 防伪造：防止攻击方或接收方伪造对消息的签名。

6.1.7　数字证书

数字证书（Digital Certificate）又称数字标识（Digital ID），是用来标志和证明网络通信双方身份的数字信息文件。数字证书一般由权威、公正的第三方机构即 CA（Certificate Authority，数字证书认证中心）签发，包括一串含有用户基本信息及 CA 签名的数字编码。当在网上进行电子商务活动时，交易双方需要使用数字证书来表明自己的身份，并使用数字证书来进行有关的交易操作。通俗地讲，数字证书就是个人或单位在 Internet 上的身份证。

数字证书主要包括 3 个方面的内容：证书所有者的信息、证书所有者的公钥和证书颁发机构的签名。

如图 6-12 所示，一个标准的 X.509 数字证书包含（但不限于）以下内容。

（1）证书的版本。

（2）证书的序列号，每个证书都有一个唯一的证书序列号。

（3）证书所使用的签名算法。

（4）证书的颁发者名称（命名规则一般采用 X.500 格式）及其私钥的信息。

（5）证书的有效期。

（6）证书的使用者名称及其公钥的信息。

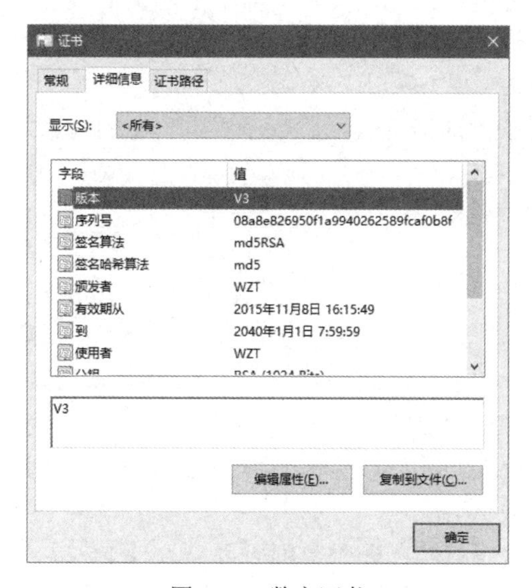

图 6-12　数字证书

6.1.8　消息认证技术

1. 消息认证的概念

消息认证是指接收方检验收到的消息是否真实，又称完整性校验。

消息认证的内容包括消息的信源 / 信宿、内容是否篡改、序号和时间是否正确等。

消息认证只在通信双方之间进行，不允许第三者进行认证。

2. 消息认证的方法

消息来源认证的方法有以下两种。

① 通信双方事先约定发送消息的数据加密密钥，接收方只要证实发送来的消息是否能用该密钥还原成明文，就能鉴定发送方。

② 通信双方事先约定各自发送消息所使用的通行字，发送方消息中含有加密的通行字，接收方验证是否含有通行字即可，通行字是可变的。

认证消息完整性的基本途径有两条：采用消息认证码和采用篡改检测码。

认证消息的序号和时间的目的是阻止消息的重放攻击，常用的方法是流水作业号、随机数认证法和时间戳等。

3. 消息认证模式

① 单向认证：单向通信，接收方认证发送方的身份和消息的完整性。

② 双向认证：双向通信，接收方认证发送方的身份和消息的完整性，同时发送方确认接收方是真实的。

4. 认证函数

认证函数分为以下 3 类。

① 消息加密函数：用完整消息的密文作为对消息的认证。

② 消息认证码：对信源消息的一个编码函数。消息认证码的安全性取决于两点：采用的加密算法和待加密数据块的生成方法。

③ 散列函数：将任意长度的消息映射成一个固定长度的消息。

6.1.9 我国的商用密码技术

根据 2020 年 1 月 1 日正式施行的《中华人民共和国密码法》，密码分为核心密码、普通密码和商用密码。核心密码、普通密码用于保护国家秘密信息；商用密码用于保护不属于国家秘密的信息，公民、法人和其他组织可以依法使用商用密码保护网络与信息安全。由国家密码管理局组织，我国自主设计的基于椭圆曲线公钥密码算法 SM2、密码杂凑算法 SM3、分组密码算法 SM4、序列密码算法 ZUC、标识密码算法 SM9 等商用密码算法已成为国家标准，有效保障了国家网络与信息安全。

已经发布的国产商用密码算法，按照类别可以分为以下 3 类：对称密码算法，主要包括 ZUC 算法和 SM4 算法；非对称密码算法，主要包括 SM2 算法和 SM9 算法；单向散列算法，主要包括 SM3 算法。

1. 我国的对称密码算法

（1）ZUC 算法。ZUC（Zu Chongzhi，祖冲之）算法的名字来自我国古代著名数学家祖冲之，它属于序列密码算法，与之类似的国外密码算法有 RC4 算法等。

序列密码也称为“流密码”，序列密码算法将明文消息 P_i 逐位转换成密文消息 C_i，序列密码算法的工作流程如图 6-13 所示，序列密码算法中由于按位“异或”的计算特性，可知以下两个计算公式。

$$C_i = P_i \oplus K_i$$
$$P_i = C_i \oplus K_i$$

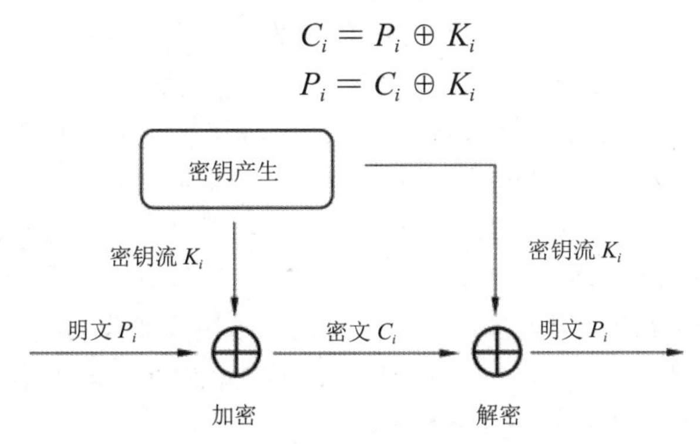

图 6-13　序列密码算法的工作流程

密钥序列的安全性对体系安全性的重要度不言而喻，如果密钥是“真随机”序列，那么输出的密文也是“真随机”序列，这解释了为什么“一次一密”是完美安全的。图 6-13 中是最简单的序列密码算法的工作流程，在实践中的设计一般要复杂得多。

ZUC 算法结构分为 3 层，第一层是线性反馈移位寄存器（Linear Feedback Shift Register，LFSR），第二层是比特重组（Bit Reorganization，BR），第三层是非线性函数 F。LFSR 部分具有线性复杂度大、随机统计特性好的特点，BR 部分具有友好的移位操作和字符串连接操作，F 部分中 S 盒具有扩散性好、非线性好的特点，这 3 个部分有效地结合在一起，使 ZUC 算法具有较高的安全性。ZUC 算法首先要输入一个 128 位的初始密钥和一个 128 位的初始向量，每运行一次产生一组 32 位的密钥字，用明文与之“异或”即得密文。

ZUC 算法是中国第一个成为国际密码标准的密码算法。2011 年 9 月，在日本福冈召开的第 53 次第三代合作伙伴（3GPP）系统架构组（SA）会议上，我国设计的 ZUC 算法被批准成为新一代宽带无线移动通信系统（LTE）国际标准，即 4G 的国际标准。

（2）SM4 算法。我国的 SM4 密码属于分组密码，也称为“块密码”，与之类似的国外密码算法有 DES 算法、IDEA/3DES 算法和 AES 算法等。

SM4 算法于 2006 年公开发布，2012 年 3 月公布为国内密码行业标准，2016 年 8 月公布为国家标准，2016 年 10 月正式进入 ISO（国际标准化组织）的 ISO 标准学习期。SM4 算法为 Feistel 结构，其分组长度和密钥长度均为 128 位，采用 32 轮的非线性迭代结构来进行加密和密钥扩展，加密算法和解密算法的结构相同，只是轮密钥使用顺序相反，解密轮密钥是加密轮密钥的逆序。其中包含异或、循环左移、轮函数、合成置换、非线性变换、线性变换、S 盒变换等子运算。该算法的最大亮点在于其非线性变换中使用的 S 盒具有高复杂度、低差分均匀度、高非线性度、高平衡性等优点，直接影响了整个算法的安全强度，起到了混淆作用，隐藏了内部的代数结构。

2. 我国的非对称密码算法

（1）SM2 算法。我国的 SM2 算法于 2010 年 12 月公开发布，2012 年 3 月公布为国内密码行业标准，2016 年 8 月公布为国家标准，2016 年 10 月正式进入 ISO 标准学习期。SM2 算法的安全性建立在椭圆曲线离散对数问题上，与椭圆曲线密码编码学（Elliptic Curves Cryptography，ECC）算法的密码机制类似。椭圆曲线最初由 Koblitz 和 Miller 分别应用在公钥密码系统上。相比 RSA 算法，ECC 算法具有低耗能、低内存占用、低耗时的优势。在 ECC 算法基础上，SM2 算法加以改进，使用了安全性更强的签名和密钥交换机制，该算法输出长度为 256 位的杂凑值，系统参数为 256 位素数域上的椭圆曲线。

（2）SM9 算法。我国的 SM9 算法是一种基于标识的密码技术。1984 年，Shamir 首次提出标识密码的概念，同时提出了第一个基于标识的密码算法，其公钥是使用对象的手机号码、电子邮箱等唯一标识，这样大大简化了密钥管理和频繁申请交换证书的复杂性，提高了工作效率且减少了成本投入，后来这种算法慢慢演变为使用椭圆曲线双线性对实现的标识密码算法。我国自主研发的 SM9 算法在 2016 年 4 月公开发布，具有应用灵活、管理方便的特点。SM9 算法也基于椭圆曲线离散对数的问题，同时增加了椭圆曲线双线性对的应用，其使用的双线性对需要满足双线性、非退化性、可计算性的要求。SM9 算法所使用的数学基础原理与 SM2 算法类似，仅增加了双线性对的相关内容。

3. 我国的单向散列算法

SM3 算法（也称为“密码杂凑算法”）在 2012 年公布为国内密码行业标准，2016 年公布为国家标准，目前已提交给 ISO 进入国际标准草案稿（DIS）阶段。SM3 算法为 Merkle-Damgard 结构，大体类似于 SHA-256 算法。对输入长度小于 2^{64} 位的消息，经过填充和迭代压缩，生成长度为 256 位的杂凑值。其中包含异或、模、模加、移位、与、或、非运算的使用，由填充过程、迭代过程、消息扩展和压缩函数构成。

6.2 同步练习

6.2.1 判断题

1．为了保证安全性，密码算法应该保密。（　）

2．对称加密算法加密信息时需要用保密的方法向对方提供密钥。（　）

3．在现有计算能力下，完成一次 AES 加密运算的过程需要很长时间。（　）

4．密钥管理包括密钥的生成、密钥的分发、密钥的更新、密钥的存储和密钥的备份等环节。（　）

5．Diffie-Hellman 密钥交换协议用于给通信双方生成一个相同的密钥。（　）

6．Diffie-Hellman 密钥交换协议可以抵御中间人攻击。（　）

7．MD5 算法是一种将任意长度的报文转换成固定长度的报文摘要的算法。（　）

8．数字签名可以利用公钥密码体制实现，也可以利用私钥密码体制实现。（　）

6.2.2 选择题

1．在网络安全中，加密算法的用途包含（　）。

A．加密信息　　B．信息完整性检测

C．用户的身份鉴别　　D．以上全部

2. 安全的加密算法具有的特点是（　　）。
   A. 只能用穷举法破译密文
   B. 密钥长度足够
   C. 经得起网格计算考验（说明还没有找到以较小的代价用穷举算法破译密文的方法）
   D. 以上全部都是
3. 关于对称密码体制，以下描述错误的是（　　）。
   A. 加密 / 解密算法是公开的
   B. 加密密钥等于解密密钥
   C. 保密密钥是唯一的安全保证
   D. 可以安全地基于网络分发密钥
4. 关于对称密码，以下描述错误的是（　　）。
   A. 加密 / 解密处理速度快
   B. 加密 / 解密使用的密钥相同
   C. 密钥管理和分发简单
   D. 数字签名困难
5. 关于分组密码体制，以下描述错误的是（　　）。
   A. 需要对明文分段
   B. 密文长度与明文长度相同
   C. 密文和明文是一对一映射
   D. 密钥长度和密文长度相同
6. 关于 DES 算法，以下描述正确的是（　　）。
   A. 有效密钥为 64 位
   B. 有效密钥为 56 位
   C. 密钥为 128 位
   D. 密钥为 32 位
7. 在 DES 加密过程中，需要进行 16 轮加密，每一轮的子密钥长度是（　　）bit。
   A. 16　　B. 32　　C. 48　　D. 64
8. 关于 AES 算法的密钥长度，以下描述错误的是（　　）。
   A. 64　　B. 128　　C. 192　　D. 256
9. 在下列算法中，属于序列密码算法的是（　　）。
   A. RC4 算法　　B. DES 算法　　C. IDEA 算法　　D. AES 算法
10. 关于公钥密码体制，以下描述错误的是（　　）。
   A. 加密 / 解密算法是公开的　　B. 加密密钥不等于解密密钥
   C. 无法通过加密密钥导出解密密钥　　D. 需要基于网络分发解密密钥
11. 公开密钥密码体制的含义是（　　）。
   A. 将所有密钥公开
   B. 将秘密密钥公开，公开密钥保密
   C. 将公开密钥公开，秘密密钥保密
   D. 两个密钥相同

12．关于 RSA 加密算法，以下描述错误的是（　　）。

A．公钥和私钥不同

B．无法根据公钥推出私钥

C．密文和明文等长

D．可靠性基于大数因子分解困难的事实

13．在 RSA 公钥密码体制中，假定公钥为 $(e,n)=(13,35)$，则私钥 d 是（　　）。

A．11　　B．13　　C．15　　D．17

14．用 RSA 算法生成数字签名的先决条件是（　　）。

A．公钥和私钥一一对应

B．私钥只有签名者自己知道

C．由权威机构证明公钥和签名者之间的关联

D．以上全部

15．在以下选项中，（　　）不是报文摘要算法的应用。

A．消息鉴别　　B．数据加密　　C．数字签名　　D．密码保护

16．关于报文摘要算法，以下描述错误的是（　　）。

A．具有单向性

B．具有抗碰撞性

C．生成固定长度的报文摘要

D．不同报文有着不同的报文摘要

17．验证所收到的消息确实来自真正的发送方，并且未被篡改的过程是（　　）。

A．消息认证　　B．散列函数　　C．身份认证　　D．消息摘要

18．MD5 报文摘要长度是（　　）位。

A．64　　B．128　　C．256　　D．512

19．SHA-1 报文摘要长度是（　　）位。

A．128　　B．160　　C．256　　D．512

20．以下属于银行只存储密码的报文摘要的原因的是（　　）。

A．无法根据密码的报文摘要导出密码

B．计算密码的报文摘要比加密密码简单

C．可以通过密码的报文摘要还原出密码

D．通过密码的报文摘要还原出密码的过程比解密密码简单

21．关于数字签名，以下描述错误的是（　　）。

A．只有发送方能够生成数字签名

B．接收方能够验证数字签名

C．数字签名与特定报文关联

D．任何指定报文只能生成一个数字签名

22．数字签名最常见的实现方法建立在以下（　　）组合之上。

A．公钥密码体制和对称密码体制

B．对称密码体制和报文摘要算法

C．公钥密码体制和报文摘要算法

D．公证系统和报文摘要算法

23．关于数字签名，以下描述正确的是（　　）。

A．数字签名是在所传输的数据后附加的一段和传输数据毫无关系的数字信息

B．数字签名能够解决数据的加密传输问题

C．数字签名一般采用对称加密机制

D．数字签名能够解决篡改、伪造等安全性问题

24．（　　）不是验证证书时需要验证的内容。

A．验证保密性，即证书是否由 CA 进行了加密

B．验证有效性，即证书是否已经废除

C．验证真实性，即证书是否由信任的 CA 颁发

D．验证有效性，即证书是否在证书的有效使用期之内

25．在以下关于数字证书的叙述中，描述错误的是（　　）。

A．证书通常由 CA 颁发

B．证书携带持有者的公开密钥

C．证书的真实性可以通过验证证书的签名获知

D．证书通常携带 CA 的公开密钥

26．关于消息鉴别，以下描述错误的是（　　）。

A．对称密钥既可提供保密性，又可提供消息鉴别

B．公开密钥既可提供消息鉴别，又可提供数字签名

C．消息鉴别码是一个利用密钥生成的、附加在消息之后的、固定长度的数据块

D．消息鉴别码既可提供消息鉴别，又可提供保密性

6.2.3　综合应用题

一、综合应用题 1

假定用户 A 向用户 B 发送消息 M，消息发送与接收过程如图 6-14 所示。其中，消息摘要 H 的计算过程用表达式 $H=H(M)$ 表示，加密、解密算法分别用 E、D 表示。

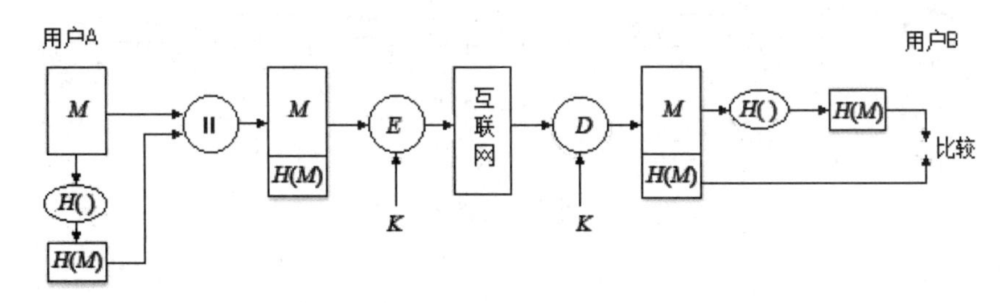

图 6-14　消息发送与接收过程

请回答以下问题。

1．当明文 M 较长时，用户 A 与用户 B 最好不要采用（　　）加密算法。

A．DES　　B．RSA　　C．AES　　D．SM4

2．用于计算消息 M 的摘要的算法可以为（　　）。

A．MD5　　B．SHA　　C．SM3　　D．以上都可以

3．为了进一步鉴别发送方的身份，防止发送方否认自己发送消息的问题，图 6-14 中的通信过程应该进一步进行数字签名，则发送方应该对（　　）进行签名操作。

A．消息 M

B．消息 M 的摘要

C．消息 M 和消息 M 的摘要

D．消息 M 和消息 M 的摘要的密文

4．数字签名最常见的实现方法是建立在（　　）组合之上的。

A．公钥密码体制和对称密码体制

B．对称密码体制和报文摘要算法

C．公钥密码体制和报文摘要算法

D．公证系统和报文摘要算法

5．当利用公钥算法进行数字签名时，采用的方式是（　　）。

A．发送方用自己的公钥签名，接收方用发送方的公钥验证

B．发送方用自己的私钥签名，接收方用发送方的公钥验证

C．发送方用接收方的公钥签名，接收方用自己的私钥验证

D．发送方用接收方的私钥签名，接收方用自己的公钥验证

6．公钥算法既可以用来签名，又可以用来加密，当利用公钥算法进行数据加密时，采用的方式是（　　）。

A．发送方用自己的公钥加密，接收方用发送方的公钥解密

B．发送方用自己的私钥加密，接收方用自己的私钥解密

C．发送方用接收方的公钥加密，接收方用自己的私钥解密

D．发送方用接收方的私钥加密，接收方用自己的公钥解密

二、综合应用题 2

在某密码体制中，用户 A 向用户 B 发送明文消息 X，为了保证消息的保密性，消息发送与接收过程如图 6-15 所示。

图 6-15　消息发送与接收过程

请回答下列问题。

1．当明文 X 较短时，用户 A 与用户 B 通信过程中所采用的加密算法可以为（　　）。

A．DES　　B．RSA　　C．AES　　D．以上都可以

2．当明文 X 较长时，用户 A 与用户 B 通信过程中所采用的加密算法应该为（　　）。

A．DES　　B．RSA　　C．SHA　　D．MD5

3．在网络安全中，加密算法的用途包含（　　）。

A．加密信息　　B．信息完整性检测

C．用户的身份鉴别　　D．以上都包含

4．当利用公钥算法进行数据加密时，采用的方式是（　　）。

A．发送方用公钥加密，接收方用公钥解密

B．发送方用私钥加密，接收方用私钥解密

C．发送方用公钥加密，接收方用私钥解密

D．发送方用私钥加密，接收方用公钥解密

5．在传输大文件时，通常把对称密钥体制和非对称密钥体制结合使用，以下描述正确的是（　　）。

A．用对称密钥加密算法加密数据，用非对称密钥加密算法加密对称密钥

B．用对称密钥加密算法加密非对称密钥，用非对称密钥加密算法加密数据

C．只用非对称密钥加密算法加密数据

D．只用对称密钥加密算法加密数据

6．公钥密码体制解决了对称密钥体制的（　　）。

A．加密速度问题　　B．安全性问题

C．密钥分配问题　　D．计算复杂性问题

第 7 章 网络攻击与防范

7.1 知识点

7.1.1 网络攻击与防范概述

1. 黑客概述

（1）黑客的由来。

黑客是 Hacker 的音译，源于动词 Hack，在美国麻省理工学院校园俚语中是“恶作剧”的意思，尤其是那些技术高明的“恶作剧”。确实，早期的计算机黑客个个都是编程高手。因此，“黑客”是人们对那些编程高手、迷恋计算机代码的程序设计人员的称谓。真正的黑客有自己独特的文化和精神，并不破坏其他人的系统，他们崇拜技术，对计算机系统的最大潜力进行智力上的自由探索。

美国《发现》杂志对黑客有以下 5 种定义。

① 研究计算机程序并以此增长自身技巧的人。

② 对编程有无穷兴趣和热忱的人。

③ 能快速编程的人。

④ 某专门系统的专家，如“UNIX 系统黑客”。

⑤ 恶意闯入他人计算机或系统，意图盗取敏感信息的人。对于这类人最合适的用词是骇客（Cracker），而非黑客。两者最主要的不同是，黑客创造新东西，骇客破坏东西。

（2）黑客攻击的动机。

随着时间的变化，黑客攻击的动机不再像以前那样简单了：只是对编程感兴趣，或者是为了发现系统漏洞。现在，黑客攻击的动机越来越多样化，主要有以下几种。

① 贪心。因为贪心而偷窃或敲诈，有了这种动机，才引发了许多金融案件。

② 恶作剧。计算机程序员搞的一些恶作剧，是黑客的“老传统”。

③ 名声。有些人为显露其计算机经验与才智，以便证明自己的能力，获得名气。

④ 报复 / 宿怨。解雇、受批评或被降级的雇员，或者其他认为自己受到不公正待遇的人，为了报复而进行攻击。

⑤ 无知 / 好奇。有些人拿到了一些攻击工具，因为好奇而使用，以至于破坏了信息还不知道。

⑥ 仇恨。国家和民族原因。

⑦ 间谍。政治和军事谍报工作。

⑧ 商业。商业竞争，商业间谍。

黑客技术是网络安全技术的一部分，主要看用这些技术做什么，用于破坏其他人的系统就是黑客技术，用于安全维护就是网络安全技术。学习这些技术就是要对网络安全有更深的理解，从更深的层次提高网络安全。

2. 网络攻击的步骤

进行网络攻击并不是件简单的事情，它是一项复杂及步骤性很强的工作。一般的网络攻击都分为 3 个阶段，即攻击的准备阶段、攻击的实施阶段、攻击的善后阶段，如图 7-1 所示。

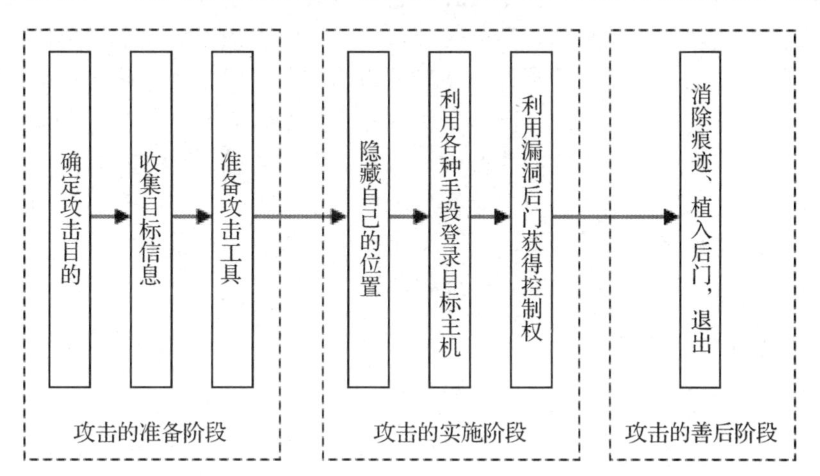

图 7-1　网络攻击的 3 个阶段

（1）攻击的准备阶段。

在攻击的准备阶段重点做 3 件事情：确定攻击目的、收集目标信息及准备攻击工具。

① 确定攻击目的：首先确定攻击希望达到的效果，这样才能做下一步工作。

② 收集目标信息：在获取了目标主机及其所在网络的类型后，还需进一步获取有关信息，如目标主机的 IP 地址、操作系统的类型和版本、系统管理人员的邮件地址等，根据这些信息进行分析，可以得到被攻击系统中可能存在的漏洞。

③ 准备攻击工具：收集或编写适当的工具，并在操作系统分析的基础上，对工具进行评估，判断有哪些漏洞和区域没有覆盖到。

（2）攻击的实施阶段。

本阶段实施具体的攻击行动。作为破坏性攻击，只需要利用工具发起攻击即可；而作为入侵性攻击，往往需要利用收集到的信息，首先找到系统漏洞，然后利用该漏洞获取一定的权限。大多数攻击成功的范例都利用了被攻击系统本身的漏洞。能够被黑客利用的漏洞不仅包括系统软件设计上的漏洞，还包括由于管理配置不当而造成的漏洞。

攻击的实施阶段的一般步骤如下。

① 隐藏自己的位置。黑客利用隐藏 IP 地址等方式保护自己不被追踪。

② 利用各种手段登录目标主机。黑客要想入侵一台主机，仅仅知道它的 IP 地址、操作系统信息是不够的，还必须要有该主机的一个账号和密码，否则连登录都无法进行。他们先设法盗取账户文件，进行破解或进行弱密码猜测，获取某用户的账户和密码，再寻找合适时机以此身份登录主机。

③ 利用漏洞后门获得控制权。黑客用 FTP、Telnet 等工具且利用系统漏洞进入目标主机系统获得控制权后，就可以做任何他们想做的事情了。例如，下载敏感信息，窃取账户密码、信用卡号码，使网络瘫痪等；也可以更改某些系统设置，在系统中放置特洛伊木马或其他远程控制程序，以便日后可以不被察觉地再次进入系统。

（3）攻击的善后阶段。

对于黑客来说，完成前两个阶段的工作，也就基本完成了攻击的目的，所以，攻击的善后阶段往往会被忽视。如果完成攻击后不做任何善后工作，那么黑客的行踪会很快被细心的系统管理员发现，因为所有的网络操作系统一般都提供日志记录功能，记录所执行的操作。

为了自身的隐蔽性，高水平的黑客会抹掉在日志中留下的痕迹。最简单的方法就是删除日志，这样做虽然避免了自己的信息被系统管理员追踪到，但是也明确无误地告诉了对方系统被入侵了，所以最常见的方法是对日志文件中有关自己的那一部分进行修改。

清除完日志后，需要植入后门程序，因为一旦系统被攻破，黑客就希望日后能够不止一次地进入该系统。为了下次攻击的方便，黑客一般会留下一个后门。充当后门的工具种类非常多，如传统的木马程序。为了能够将受害主机作为跳板去攻击其他目标，黑客还会在其上安装各种工具，包括嗅探器、扫描器、代理软件等。

3. 网络攻击的防范策略

在对网络攻击进行分析的基础上，应当认真制定有针对性的防范策略。明确安全对象，设置强有力的安全保障体系。有的放矢，在网络中层层设防，使每一层都成为一道关卡，从而让黑客无隙可钻。此外，还必须做到未雨绸缪，预防为主，备份重要的数据，并时刻注意系统运行状况。以下是针对众多令人担心的网络安全问题所提出的几点建议。

（1）提高安全意识。

① 不要随便打开来历不明的电子邮件及文件，不要随便运行不太了解的人发送的程序，如“特洛伊”类黑客程序就是欺骗接收方运行的程序。

② 尽量避免从 Internet 上下载不知名的软件、游戏程序。即使是从知名的网站下载的软件，也要及时用最新的病毒和木马查杀软件对软件和系统进行扫描。

③ 密码设置尽可能使用字母数字混排，单纯的字母或数字很容易穷举。将常用的密码设置得不同，防止被人查出一个，连带到重要密码。重要密码最好经常更换。

④ 及时下载安装系统补丁程序。

⑤ 不要随便运行黑客程序，许多这类程序运行时会发出用户的个人信息。

⑥ 定期备份重要数据。

（2）使用防病毒和防火墙软件。

防火墙是一个用以阻止网络中的黑客访问某个网络的屏障，也可称为控制进 / 出两个方向通信的门槛。在网络边界上通过建立起来的相应网络通信监控系统来隔离内部和外部网络，以阻挡外部网络的入侵。将防病毒工作当成日常例行工作，及时更新防病毒软件和病毒库。

（3）隐藏自己的 IP 地址。

保护自己的 IP 地址是很重要的。事实上，即使用户的机器上安装了木马程序，若没有该机器的 IP 地址，黑客也是没有办法入侵的，而保护 IP 地址的最好方法是设置代理服务器。代理服务器能起到外部网络申请访问内部网络的转接作用，其功能类似于一个数据转发器，主要控制哪些用户能访问哪些服务类型。

7.1.2　目标系统的探测

1. 常用 DOS 命令

（1）ping 命令。

ping 命令是黑客常用的网络命令，该命令主要用于测试网络的连通性。例如，使用“ping 192.168.1.1”命令，如果返回结果是“Reply from 192.168.1.1:bytes=32 time=1ms TTL=128”，目标主机有响应，则说明 192.168.1.1 这台主机是活动的；如果返回的结果是“Request timed out”，则目标主机不是活动的，即目标主机不在线或安装了防火墙，这样的主机是不容易入侵的。不同的操作系统对 ping 命令的 TTL 返回值是不同的，如表 7-1 所示。

表 7-1　不同的操作系统对 ping 命令的 TTL 返回值

操作系统	默认 TTL 返回值
UNIX	255
Linux	64
Windows	128

因此，黑客可以根据不同的 TTL 返回值来推测目标主机究竟属于何种操作系统。对于黑客的这种信息收集手段，网络管理员可以通过修改注册表来改变默认的 TTL 返回值。

在一般情况下，黑客是如何得到目标主机的 IP 地址和目标主机的地理位置的呢？他们可以通过以下方法来实现。

① 由域名得到网站 IP 地址。

方法一：ping 命令试探。如果黑客想知道百度服务器的 IP 地址，那么运行“ping www.baidu.com”命令即可，ping 命令试探如图 7-2 所示。从图 7-2 可见，www.baidu.com 对应的 IP 地址为 119.75.218.77。

方法二：nslookup 命令试探。同样以百度服务器为例，运行“nslookup www.baidu.com”命令，nslookup 命令试探如图 7-3 所示。从图 7-3 可知，Addresses 后面列出的就是 www.baidu.com 所使用的 Web 服务器群里的 IP 地址。

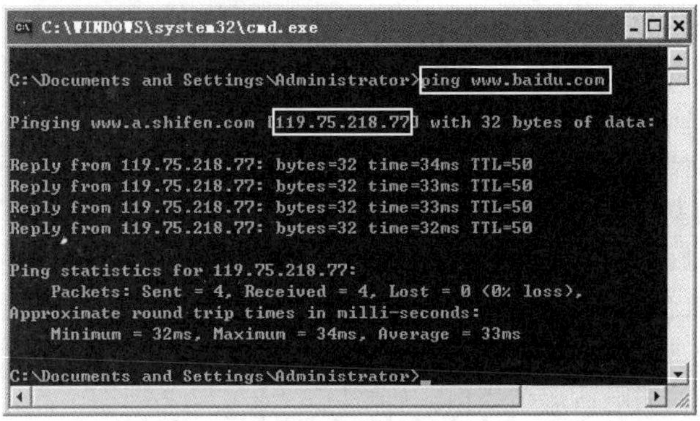

```
C:\WINDOWS\system32\cmd.exe

C:\Documents and Settings\Administrator>ping www.baidu.com

Pinging www.a.shifen.com [119.75.218.77] with 32 bytes of data:

Reply from 119.75.218.77: bytes=32 time=34ms TTL=50
Reply from 119.75.218.77: bytes=32 time=33ms TTL=50
Reply from 119.75.218.77: bytes=32 time=33ms TTL=50
Reply from 119.75.218.77: bytes=32 time=32ms TTL=50

Ping statistics for 119.75.218.77:
    Packets: Sent = 4, Received = 4, Lost = 0 (0% loss),
Approximate round trip times in milli-seconds:
    Minimum = 32ms, Maximum = 34ms, Average = 33ms

C:\Documents and Settings\Administrator>_
```

图 7-2　ping 命令试探

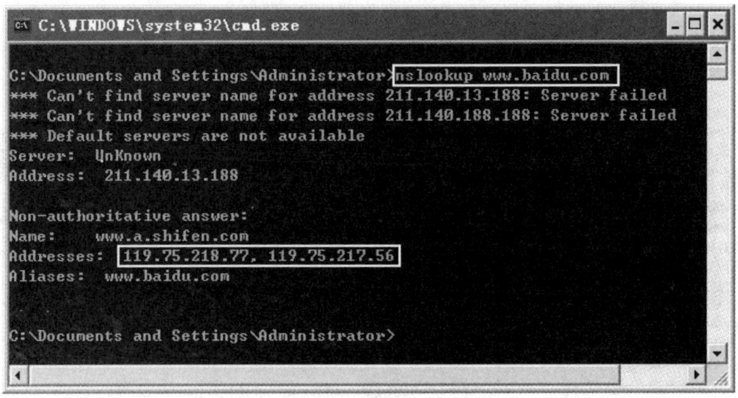

```
C:\WINDOWS\system32\cmd.exe

C:\Documents and Settings\Administrator>nslookup www.baidu.com
*** Can't find server name for address 211.140.13.188: Server failed
*** Can't find server name for address 211.140.188.188: Server failed
*** Default servers are not available
Server:  UnKnown
Address:  211.140.13.188

Non-authoritative answer:
Name:    www.a.shifen.com
Addresses:  119.75.218.77, 119.75.217.56
Aliases:  www.baidu.com


C:\Documents and Settings\Administrator>
```

图 7-3　nslookup 命令试探

② 由 IP 地址查询目标主机的地理位置。

由于 IP 地址的分配是全球统一管理的，因此黑客通过查询有关机构的 IP 地址数据库就可以得到该 IP 地址所对应的地理位置。IP 地址管理机构多处于国外，而且分布比较零散。

（2）netstat 命令。

netstat 命令有助于了解网络的整体使用情况。它可以显示当前正在活动的网络连接的详细信息，如采用的协议类型、当前主机与远端相连主机的IP地址，以及它们之间的连接状态等。

netstat 命令的主要用途是检测本地系统开放的端口，这样做可以了解自己的系统开放了什么服务，还可以初步推断系统是否存在木马，因为常见的网络服务开放的默认端口轻易不会被木马占用。

（3）nbtstat 命令。

nbtstat 命令用于显示本地计算机和远程计算机的基于 TCP/IP 的 NetBIOS 统计资料、NetBIOS 名称表和 NetBIOS 名称缓存。nbtstat 命令可以刷新 NetBIOS 名称缓存和使用 Windows Internet 名称服务（WINS）注册的名称。使用不带参数的 nbtstat 命令可以显示帮助。

2. 扫描器

（1）扫描器的作用。

对于扫描器，大家一般会认为，这只是黑客进行网络攻击的工具。扫描器对于黑客来说是必不可少的工具，但也是网络管理员在网络安全维护中的重要工具。因为扫描器是系统管理员掌握系统安全状况的必备工具，是其他工具所不能替代的。通过扫描器可以提前发现系统的漏洞，打好补丁，做好防范。

扫描器的主要功能如下。

① 检测主机是否在线。

② 扫描目标系统开放的端口，有的还可以测试端口的服务信息。

③ 获取目标操作系统的敏感信息。

④ 破解系统密码。

⑤ 扫描其他系统敏感信息。例如，CGI Scanner、ASP Scanner、从各个主要端口取得服务信息的 Scanner、数据库 Scanner 及木马 Scanner 等。

目前各种扫描器软件有很多，比较著名的有 X-scan、Fluxay（流光）、X-Port、SuperScan、PortScan、Nmap、X-WAY 等。

（2）端口扫描。

端口扫描是黑客搜集信息的常用手法，通过端口扫描，能够判断出目标主机开放了哪些服务、运行了哪种操作系统，为下一步的入侵做好准备。扫描主机尝试与目标主机的某些端口建立 TCP 连接，如果目标主机端口有回复，则说明该端口开放，即“活动端口”。一般，端口扫描可分为以下 4 种方式。

① 全 TCP 连接。这种扫描方式使用“三次握手”机制，与目标主机建立标准的 TCP 连接。这种方式容易被目标主机记录，但获取的信息比较详细。

② 半打开式扫描（SYN 扫描）。扫描主机自动向目标主机的指定端口发送 SYN 报文，请求建立连接。由于在扫描过程中，全连接尚未建立，因此大大降低了被目标主机记录的可能性，并且加快了扫描速度。

- 若目标主机的回应 TCP 报文中“SYN=1，ACK=1”，则说明该端口是活动的，接下来扫描主机发送一个 RST 报文给目标主机，拒绝建立 TCP 连接，从而导致“三次握手”的失败。
- 若目标主机的回应是 RST 报文，则表示该端口不是活动端口。在这种情况下，扫描主机不做任何回应。

③ FIN 扫描。依靠发送 FIN 报文来判断目标主机的指定端口是否活动。当发送一个“FIN=1”的 TCP 报文到一个关闭的端口时，该报文会被丢掉，并返回一个 RST 报文，但如果当 FIN 报文被发送到一个活动端口时，该报文只是简单地被丢掉，不会返回任何回应。从中可以看出，FIN 扫描没有涉及任何 TCP 连接部分，因此这种扫描比前两种都安全。

④ 第三方扫描（代理扫描）。利用第三方主机来代替黑客进行扫描，这个第三方主机一般是黑客通过入侵其他计算机而得到的，该主机又被称为“肉鸡”，一般是安全防御系数极低的个人计算机。

（3）扫描工具。

① X-Scan。X-Scan 是国内最著名的综合扫描器之一，它完全免费，是不需要安装的绿色软件，界面支持中文和英文两种语言，提供了图形界面和命令行两种操作方式。X-Scan 把扫描报告和“安全焦点”网站相连接，对扫描到的每个漏洞进行“风险等级”评估，并提供漏洞描述、漏洞解决方案，方便网络管理员测试、修补漏洞。

② Fluxay（流光）。Fluxay 是非常优秀的扫描工具，它是一种综合扫描器。其功能非常强大，

不仅能够像 X-Scan 那样扫描众多漏洞、弱密码，还集成了常用的入侵工具，如字典工具、NT/IIS 工具等，并且独创了能够控制“肉鸡”进行扫描的“Sensor 工具”和为“肉鸡”安装服务的“种植者”工具。

③ X-Port。X-Port 提供多线程方式扫描目标主机的开放端口，扫描过程中根据 TCP/IP 堆栈特征被动识别操作系统类型，若没有匹配记录，则尝试通过 NetBIOS 判断是否为 Windows 系列操作系统，并尝试获取系统版本信息。

④ SuperScan。SuperScan 是一个集“端口扫描”“ping”“主机名解析”于一体的扫描器。其功能如下。

- 检测主机是否在线。
- IP 地址和主机名之间的相互转换。
- 通过 TCP 连接试探目标主机运行的服务。
- 扫描指定范围的主机端口。
- 支持使用文件列表来指定扫描主机端口范围。

⑤ 其他端口扫描工具，包括 PortScan、Nmap、X-WAY 等。

7.1.3 网络监听

网络监听是黑客在局域网中常用的一种技术，在网络中监听其他人的数据包，分析数据包，从而获得一些敏感信息，如账号和密码等。网络监听工具原本是网络管理员经常使用的一种工具，主要用来监视网络的流量、状态、数据等信息，如 Wireshark 就是许多网络管理员的必备工具。另外，分析数据包对于防黑客技术（如对扫描过程、攻击过程有深入了解）也非常重要，从而对防火墙制定相应规则来防范。所以网络监听工具和网络扫描工具一样，也是一把双刃剑，要正确地对待。

对于网络监听，可以采取以下措施进行防范。

（1）加密。一方面，可以对数据流中的部分重要信息进行加密；另一方面，可以只对应用层加密。后者将使大部分与网络和操作系统有关的敏感信息失去保护。选择何种加密方式取决于信息的安全级别及网络的安全程度。

（2）划分 VLAN。VLAN（虚拟局域网）技术可以有效缩小冲突域，通过划分 VLAN 能防范大部分基于网络监听的入侵。

7.1.4 密码破解

1. 密码破解概述

为了安全起见，现在几乎所有的系统都通过访问控制来保护自己的数据。访问控制最常用的方法就是密码保护，密码应该说是用户最重要的一道防护门。黑客攻击目标时常常把破解用户的密码作为攻击的开始。只要黑客能猜测到或确定用户的密码，就能获得机器或网络的访问权，并能访问到用户能访问到的任何资源。如果这个用户有管理员的权限，那将是极其危险的。

一般黑客常常通过下面几种方法获取用户的密码：暴力破解、Wireshark 密码嗅探、社会工程学（通过欺诈手段获取），以及木马程序或键盘记录程序等。下面主要讲解暴力破解。

系统账户密码的暴力破解主要基于密码匹配的破解方法，最基本的方法有两种：穷举法和字典法。穷举法是效率最低的办法，将字符或数字按照穷举的规则生成密码字符串，进行遍历尝试。在密码稍微复杂的情况下，穷举法的破解速度很慢。字典法相对来说破解速度较快，用密码字典中事先定义好的常用字符去尝试匹配密码。密码字典是一个很大的文本文件，可以通过自己编辑或由字典工具生成，里面包含了单词或数字的组合。如果密码是一个单词或简单的数字组合，那么黑客就可以很轻易地破解密码。

常用的密码破解工具和审核工具有很多，如 Windows 平台的 SMBCrack、L0phtCrack、SAMInside 等。通过这些工具的使用，可以了解密码的安全性。随着网络黑客技术的增强和提高，许多密码都可能被攻击和破译，这就要求用户提高对密码安全的认识。

2. 密码破解示例

SMBCrack 是基于 Windows 操作系统的密码破解工具，使用了 SMB 协议。因为 Windows 操作系统可以在同一个会话内进行多次密码试探，所以用 SMBCrack 可以破解操作系统的密码。

假设目标主机的用户名为 abc，密码为 123456，为了提高实验效果，提前制作好字典文件 user.txt 和 pass.txt，SMBCrack 密码破解结果如图 7-4 所示。

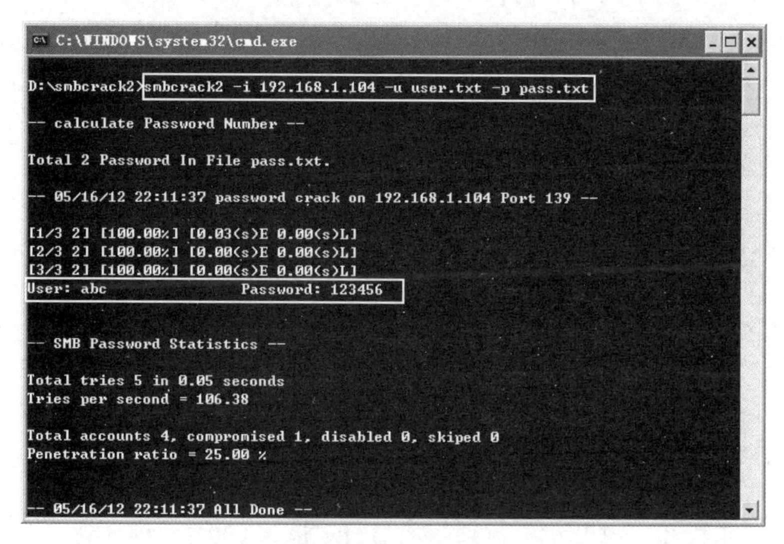

图 7-4　SMBCrack 密码破解结果

针对暴力破解，Windows 操作系统有很有效的防护方法，只要启动账户锁定策略就可以了。如果操作系统密码被破解了，黑客就可以利用一些工具获得对方系统的 Shell，那么用户的信息将很容易被窃取。

3. 密码破解的防范

对网络用户的用户名和密码进行验证，是防止非法访问的第一道防线。用户在注册网络时，需要输入用户名和密码，服务器将验证其合法性。在用户名与密码两者之中，密码是问题的关键所在。据统计，大约 80% 的安全隐患是密码设置不当引起的。因此，密码的设置无疑是十分讲求技巧的。

若欲保证密码的安全，则应当遵循以下规则。

① 用户密码应包含英文字母的大小写、数字和可打印字符，甚至是非打印字符，将这些符号排列组合使用，以期达到最好的保密效果。

② 用户密码不要太规则，不要使用用户姓名、生日、电话号码、常用单词等作为密码。

③ 密码长度至少为 8 位。

④ 在通过网络验证密码的过程中，不得以明文方式传输，以免被监听截获。

⑤ 密码不得以明文方式存储在系统中，确保密码以加密的形式写在硬盘上且包含密码的文件是只读的。

⑥ 密码应定期修改，避免重复使用旧密码，采用多套密码的命名规则。

⑦ 建立账号锁定机制。一旦同一账号密码校验错误若干次，就断开连接并锁定该账号，经过一段时间以后才能解锁。

7.1.5 欺骗攻击

1. ARP 欺骗攻击

（1）ARP 协议。

利用 ARP（Address Resolution Protocol，地址解析协议）就可以由 IP 地址得知其物理地址（MAC 地址）。以太网协议规定，同一局域网中的一台主机要和另一台主机进行直接通信，必须要知道目的主机的 MAC 地址。而在 TCP/IP 协议中，网络层和传输层只关心目的主机的 IP 地址，这就导致在以太网中使用 IP 协议时，数据链路层的以太网协议接到的上层 IP 协议提供的数据中，只包含目的主机的 IP 地址。于是需要一种方法，根据目的主机的 IP 地址获得其 MAC 地址，这就是 ARP 协议要做的事情。所谓地址解析（Address Resolution），就是主机在发送数据帧前将目的主机的 IP 地址解析成目的主机的 MAC 地址的过程。

另外，当发送主机和目的主机不在同一个局域网中时，即使知道目的主机的 MAC 地址，两者也不能直接通信，必须经过路由转发才可以。所以此时，发送主机通过 ARP 协议获得的将不是目的主机的真实 MAC 地址，而是一台可以通往局域网外的路由器的某个端口的 MAC 地址。于是，此后发送主机发往目的主机的所有数据帧都将发往该路由器，通过它向外发送，这种情况称为 ARP 代理（ARP Proxy）。

（2）ARP 欺骗攻击的原理。

假设主机 A 曾经和主机 B 进行过通信，那么主机 A 就会在 ARP 缓存表中记录下主机 B 的 IP 地址和其对应的 MAC 地址。一般地，ARP 缓存表都有更新机制，当有主机通知其他主机其 MAC 地址更新时，会向其他主机发送 ARP 更新信息，以便这些主机及时更新其 ARP 缓存表。每台主机在收到 ARP 数据包时都会更新自己的 ARP 缓存表。ARP 欺骗攻击的原理，就是通过发送欺骗性的 ARP 数据包，致使接收方收到欺骗性的 ARP 数据包后，更新其 ARP 缓存表，从而建立错误的 IP 地址与 MAC 地址的对应关系。

ARP 欺骗主要分为两种：一种是伪装成主机的 ARP 欺骗；另一种是伪装成网关的 ARP 欺骗。

伪装成主机的 ARP 欺骗主要是在局域网环境内实现的。假设在同一个局域网中有 A、B、C 三台主机，它们的 IP 地址与 MAC 地址分别如下：A 的为 192.168.1.1 和 AA-AA-AA-

AA-AA-AA；B 的为 192.168.1.2 和 BB-BB-BB-BB-BB-BB；C 的为 192.168.1.3 和 CC-CC-CC-CC-CC-CC。A 想要与 B 进行直接通信，而 C 想要窃取 A 所发给 B 的内容。这时，C 可以向 A 发送欺骗性的 ARP 数据包，声称 B 的 MAC 地址已经变为 CC-CC-CC-CC-CC-CC。这样在 A 的 ARP 缓存表中将建立 IP 地址 192.168.1.2 和 MAC 地址 CC-CC-CC-CC-CC-CC 的对应关系。于是 A 发给 B 的所有内容将被交换机按照 CC-CC-CC-CC-CC-CC 的 MAC 地址发送至 C 的网卡。C 在收到并阅读了 A 发给 B 的内容之后，为了不被通信双方（A 和 B）发现，可以将数据内容再转发给 B。此时 C 需要将发送给 B 的数据包的源 IP 地址和源 MAC 地址改为 A 的，从而不引起 B 的怀疑。

当然，C 也可以使用相同的手段对 B 进行 ARP 欺骗，让 B 认为 C 就是 A。这样，A、B 之间的所有数据都经过了“中间人”C。对于 A、B 而言，已很难发现 C 的存在。这就是利用 ARP 欺骗实现的中间人攻击，如图 7-5 所示。

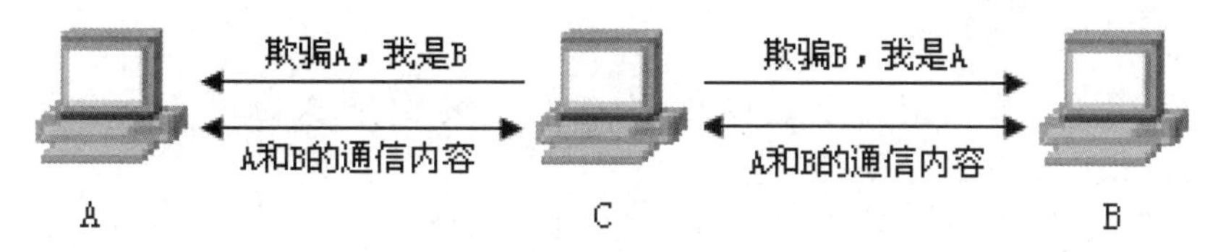

图 7-5　利用 ARP 欺骗实现的中间人攻击

如果在 C 发给 A 的欺骗性的 ARP 数据包中，所包含 B 的 MAC 地址是伪造并且不存在的，则在 A 更新后的 ARP 缓存表中，B 的 IP 地址对应的 MAC 地址就是一个不存在的 MAC 地址，那么在 A 将和 B 通信时所构造的数据帧中，目的 MAC 地址就是一个不存在的 MAC 地址，A、B 之间的通信也就无法进行了，这就是 ARP 病毒或 ARP 攻击能够使网络通信瘫痪和中断的原因。

ARP 病毒主机或 ARP 攻击主机伪装成网关的欺骗行为，主要针对局域网内部与外部网络通信的情况。当局域网内的主机要与外部网络的主机通信时，需要先将数据包发送至网关，再传输至外部网络。当主机 A 想要与外部网络的主机通信，它向外传输的数据包在进行封装时，就要将数据包中的目的主机的 MAC 地址写成网关的 MAC 地址，这样数据包就先交给网关，再由网关转发到外部网络。如果局域网内的主机 C 中了 ARP 病毒，主机 C 想截获主机 A 发出的消息内容，主机 C 就需要向主机 A 发送欺骗性的 ARP 数据包，声称网关的 MAC 地址改成主机 C 的 MAC 地址了，这样主机 A 再给网关发送数据包时，数据包就转给了病毒主机 C，病毒主机 C 获得了主机 A 的通信内容后，可以再将数据包转给真正的网关，最终也能实现主机 A 和外部网络的数据传输，但通信内容被病毒主机 C 获取了。如果病毒主机 C 不将数据包转给真正的网关，则主机 A 就不能与外部网络通信了。

（3）ARP 欺骗攻击的防范。

上面提到了 ARP 欺骗对通信安全造成的危害，不仅如此，它还可以造成局域网的内部混乱，让一些主机之间无法正常通信，让被欺骗的主机无法访问外部网络。一些黑客工具不仅能够发送 ARP 欺骗数据包（前文中的欺骗性的 ARP 数据包），还能够通过发送 ARP 恢复数据包来实现对网内计算机是否能上网的随意控制。

更具威胁性的是 ARP 病毒，现在的 ARP 病毒可以使局域网内出现经常性掉线、IP 地址冲突等问题，还会伪造成网关使数据包先流经病毒主机，实现对局域网数据包的嗅探和过滤分析，并在过滤出的网页请求数据包中插入恶意代码。如果收到该恶意代码的主机存在相应的漏洞，那么该主机就会运行恶意代码中所包含的恶意程序，实现主机被控和信息泄密。

可以首先通过IDS或Antiarp等查找ARP欺骗的工具检测网络内的ARP欺骗攻击，然后定位ARP病毒主机，清除ARP病毒来彻底解决网络内的ARP欺骗行为。此外，还可以通过MAC地址与IP地址的双向绑定，使ARP欺骗不再发挥作用。MAC地址与IP地址的双向绑定，是在内部网络的主机中，将网关的IP地址和真正的MAC地址进行静态绑定；同时在网关或路由设备中，将内部网络主机的IP地址和真正的MAC地址进行静态绑定，这就可以实现网关和内部网络的主机不再受ARP欺骗了。

MAC地址与IP地址双向绑定方法防止ARP欺骗的配置过程如下。

首先，在内部网络的主机上，把网关的IP地址和MAC地址进行一次绑定，在Windows操作系统中绑定过程可使用arp命令。

```
arp -d  *
arp -s  网关IP  网关MAC
```

"arp -d *"命令用于清空ARP缓存表，"arp-s 网关IP 网关MAC"命令则将网关IP地址与其相应的MAC地址进行静态绑定。

然后，在路由器或网关上将内部网络主机的IP地址和MAC地址也绑定一次。

2. DHCP服务欺骗攻击

DHCP协议用于自动配置客户机接入网络所需的信息，主要包括IP地址、子网掩码、默认网关、DNS服务器地址等。在DHCP协议工作过程中，服务器和客户机没有任何认证机制，如果网络上存在多台DHCP服务器，那么不仅会给网络造成混乱，还会对网络安全造成很大威胁。黑客首先将正常的DHCP服务器中的IP地址耗尽，然后冒充合法的DHCP服务器，为客户机分配IP地址等配置参数。例如，黑客利用冒充的DHCP服务器，为用户分配一个经过修改的DNS服务器地址，用户在毫无察觉的情况下被引导至预先配置好的假金融网站或电子商务网站，从而骗取用户的账户和密码，这种攻击的危害是很大的。

DHCP服务欺骗攻击的防范措施：交换机端口分为信任端口和非信任端口，只转发信任端口发出的DHCP应答报文；网络管理员必须将DHCP服务器相连的端口和连接不同交换机的端口设置为信任端口，其他端口一律设置为非信任端口。

3. 路由项欺骗攻击

根据RIP路由算法，发现更短的距离，就会更新路由项。黑客终端通过发送伪造的路由信息，使路由器中的路由项发生错误，导致黑客终端成为源主机和目的主机之间传输路径必须经过的节点，源主机和目的主机之间的IP分组全部被黑客终端截获。

路由项欺骗攻击的防范措施：路由器进行认证，当接收新的路由信息时，必须确定发送路由器的身份，并且确定路由信息自身没有被中途修改，才能对路由信息进行处理。

7.1.6 缓冲区溢出攻击

缓冲区溢出是一种非常普通、非常危险的漏洞，在各种操作系统、应用软件中广泛存在。利用缓冲区溢出漏洞，可以执行非授权指令，甚至可以取得系统管理员权限，进行各种非法操作。

1. 缓冲区溢出攻击的原理

缓冲区溢出攻击是指通过向程序的缓冲区写入超出其长度的内容，造成缓冲区的溢出，从而破坏程序的堆栈，使程序转而执行其他指令，以达到攻击的目的。造成缓冲区溢出的原因是没有仔细检查程序中用户输入的参数，如下面的程序。

```
#include <stdio.h>
#include <string.h>
char bigbuffer[]="0123456789";
main (    )
{
  char smallbuffer[5];
  strcpy(smallbuffer,bigbuffer);
 }
```

上面的 strcpy（　　）将 bigbuffer 中的内容复制到 smallbuffer 中。因为 bigbuffer 中的字符数（10）大于 smallbuffer 能容纳的字符数（5），所以 smallbuffer 溢出，使程序运行出错。

通过制造缓冲区溢出使程序运行一个用户 Shell，再通过 Shell 执行其他指令。如果该程序属于 Root 且有 SUID 权限，那么黑客就获得了一个有 Root 权限的 Shell，可以对系统进行任意操作。

2. 缓冲区溢出攻击的防范

缓冲区溢出攻击的防范主要从操作系统安全和程序设计两个方面实施。操作系统安全是最基本的防范措施，方法也很简单，就是及时下载和安装系统补丁。程序设计方面的措施主要有以下几点。

① 编写正确的代码。编写正确的代码是一件有意义但耗时的工作，尽管人们知道了如何编写安全的程序，具有安全漏洞的程序依旧出现，因此人们开发了一些工具和技术来帮助程序员编写安全正确的程序。

② 非执行的缓冲区技术。通过使被攻击程序的数据段地址空间不可执行，来使黑客不可能执行被攻击程序输入缓冲区的代码，这种技术称为非执行的缓冲区技术。

③ 数组边界检查。数组边界检查完全防止了缓冲区溢出的产生和攻击，但相对而言代价较大。

④ 在程序指针失效前进行完整性检查。即使一个黑客成功地改变了程序的指针，但由于系统事先检测到了指针的改变，因此这个指针将不会被使用。虽然这种方法不能使所有的缓冲区溢出攻击失效，但能阻止绝大多数的缓冲区溢出攻击。

7.1.7　拒绝服务攻击

1. 定义

拒绝服务（Denial of Services，DoS）攻击从广义上讲可以指任何导致网络设备（服务器、防火墙、交换机、路由器等）不能正常提供服务的攻击，现在一般指的是针对服务器的 DoS 攻击。这种攻击可能是网线被拔下或网络阻塞等，最终结果是正常用户不能使用所需要的服务。

从网络攻击的各种方法和所产生的破坏情况来看，DoS 攻击是一种很简单但又很有效的攻击方式。尤其是对于 ISP、电信部门，还有 DNS 服务器、Web 服务器、防火墙等来说，DoS 攻击的影响都是非常大的。

2. 目的

DoS 攻击的目的是拒绝服务访问，破坏组织的正常运行，最终会使部分 Internet 连接和网络系统失效。有些人认为 DoS 攻击是没有用的，因为 DoS 攻击不会直接导致系统被渗透。但是，黑客使用 DoS 攻击有以下目的。

① 使服务器崩溃并让其他人无法访问。

② 黑客为了冒充某个服务器，就对其进行 DoS 攻击，使之瘫痪。

③ 黑客为了启动安装的木马，要求系统重新启动，DoS 攻击可以用于强制服务器重新启动。

3. 原理

DoS 攻击就是想办法让目标机器停止提供服务或资源访问，这些资源包括磁盘空间、内存、进程，甚至网络带宽，从而阻止正常用户的访问。

DoS 攻击的方式有很多种，根据其攻击的手法和目的不同，主要有以下两种不同的存在形式。

① 资源耗尽攻击。资源耗尽攻击是指黑客以消耗主机的可用资源为目的，使目标服务器忙于应付大量非法的、无用的连接请求，占用了服务器所有的资源，造成服务器对正常的请求无法再做出及时响应，从而形成事实上的服务中断，这是最常见的 DoS 攻击形式。这种攻击主要利用的是网络协议或系统的一些特点和漏洞，主要的攻击方法有死亡之 Ping、SYN 洪泛攻击、UDP 洪泛攻击、ICMP 洪泛攻击、Land 攻击、Teardrop 攻击等，针对这些漏洞的攻击，目前在网络中都有大量的工具可以利用。

② 带宽耗尽攻击。带宽耗尽攻击是指黑客以消耗服务器链路的有效带宽为目的，通过发送大量的有用或无用的数据包，将整条链路的带宽全部占用，从而使合法用户请求无法通过链路到达服务器。例如，蠕虫病毒对网络的影响。具体的攻击方式有很多，如发送垃圾文件，向匿名 FTP 发送垃圾文件，把服务器的硬盘塞满；合理利用策略锁定账户，一般服务器都有关于账户锁定的安全策略，如果某个账户连续 3 次登录失败，那么这个账户将被锁定。例如，黑客伪装一个账户去错误地登录，使这个账户被锁定，正常的合法用户就不能使用这个账户登录系统了。

4. 常见攻击类型及防范方法

以下是几种常见的 DoS 攻击类型及防范方法。

（1）死亡之 Ping。

死亡之 Ping（Ping of Death）是最古老、最简单的 DoS 攻击，它发送大于 65535 字节的 ICMP 数据包，如果 ICMP 数据包的尺寸超过 64KB 上限，主机就会出现内存分配错误，导致 TCP/IP 堆栈崩溃，致使主机死机。

此外，向目标主机长时间、连续、大量地发送 ICMP 数据包最终会使系统瘫痪。大量的

ICMP 数据包会形成“ICMP 风暴”，使目标主机耗费大量的 CPU 资源。

正确地配置操作系统和防火墙、阻断 ICMP 及任何未知协议都可以防范此类攻击。

（2）SYN 洪泛攻击。

SYN 洪泛攻击利用的是 TCP 协议缺陷。通常一次 TCP 连接的建立包括三次握手过程。

① 客户机发送 SYN 包给服务器。

② 服务器分配一定的资源并返回 SYN 包 + ACK 包，并等待连接建立的最后的 ACK 包。

③ 客户机发送 ACK 包。这样两者之间的连接建立起来，并可以通过连接传送数据。

SYN 洪泛攻击是指客户机疯狂地发送 SYN 包，而不返回 ACK 包，当服务器未收到客户机的 ACK 包时，规范标准规定必须重发 SYN 包 + ACK 包，一直到超时才将此条目从未连接队列中删除。SYN 洪泛攻击消耗 CPU 和内存资源，导致系统资源占用过多，没有能力响应其他操作，或者不能响应正常的网络请求，如图 7-6 所示。

由于 TCP/IP 相信数据包的源 IP 地址，因此黑客还可以伪造源 IP 地址，伪造源 IP 地址的 SYN 洪泛攻击如图 7-7 所示，给追查造成很大的困难。SYN 洪泛攻击除能影响主机外，还危害路由器、防火墙等网络系统，事实上 SYN 洪泛攻击并不管目标是什么系统，只要这些系统打开 TCP 服务就可以实施。

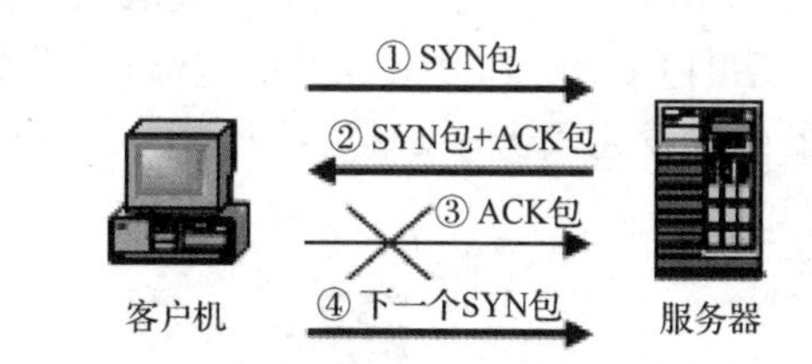

图 7-6　SYN 洪泛攻击

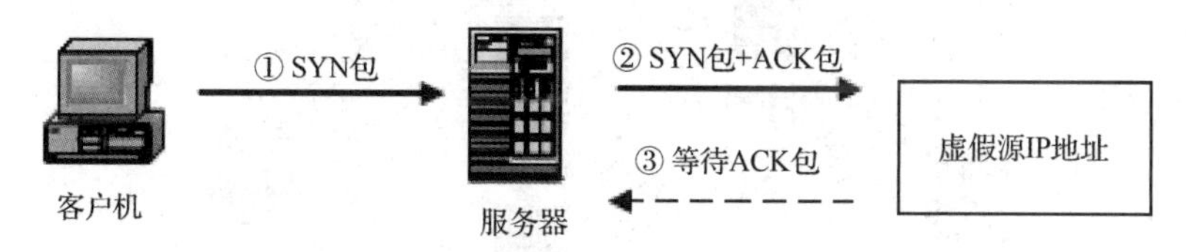

图 7-7　伪造源 IP 地址的 SYN 洪泛攻击

SYN 洪泛攻击实现起来非常简单，网络上有大量现成的 SYN 洪泛攻击工具，如 Xdos、Pdos、SYN-Killer 等。以 Xdos 为例，选择随机的源 IP 地址和源端口，并填写目标机器 IP 地址和 TCP 端口，运行后就会发现目标机器运行缓慢，甚至死机。UDP 洪泛攻击、ICMP 洪泛攻击的原理与 SYN 洪泛攻击类似。

关于 SYN 洪泛攻击的防范，目前许多防火墙和路由器都可以做到。首先关闭不必要的 TCP/IP 服务，对防火墙进行配置，过滤来自同一主机的后续连接，然后根据实际的情况来判断。

（3）Smurf 攻击。

黑客终端广播一个以攻击目标的 IP 地址为源 IP 地址的 ICMP ECHO 请求报文，导致网络中的所有终端向攻击目标发送 ICMP ECHO 响应报文，从而导致攻击目标的网络链路阻塞。

（4）Land 攻击。

Land 攻击是指打造一个特别的 SYN 包，包的源 IP 地址和目标 IP 地址都被设置成被攻击的服务器 IP 地址，这时将导致服务器向自己的 IP 地址发送 SYN ＋ ACK 包，结果这个 IP

地址又发回 ACK 包并创建一个空连接，每一个这样的连接都将保留直到超时。

不同的系统对 Land 攻击的反应不同，许多 UNIX 系统会崩溃，而 Windows 系统会变得极其缓慢（大约持续 5min）。

（5）Teardrop 攻击。

Teardrop（泪珠）攻击的原理是，当数据包在网络中传输时，数据包可以分成更小的片段，黑客可以通过发送两段（或者更多）数据包来实现。第一个包的偏移量为 0，长度为 N，第二个包的偏移量小于 N。为了合并这些数据段，TCP/IP 堆栈会分配超乎寻常的巨大资源，从而造成系统资源的缺乏，甚至机器的重新启动。

关于 Land 攻击、Teardrop 攻击的防范，给系统打上最新的补丁即可。

7.1.8 分布式拒绝服务攻击

1. 原理

分布式拒绝服务（Distributed Denial of Services，DDoS）攻击是一种基于 DoS 攻击的特殊形式，是一种分布、协作的大规模攻击方式，主要瞄准比较大的站点，如商业公司、搜索引擎或政府部门的站点。与早期的 DoS 攻击相比，DDoS 攻击借助数百台、数千台甚至数万台受控制的机器向同一台机器同时发起攻击，如图 7-8 所示，这种来势迅猛的攻击令人难以防备，具有很大的破坏力。

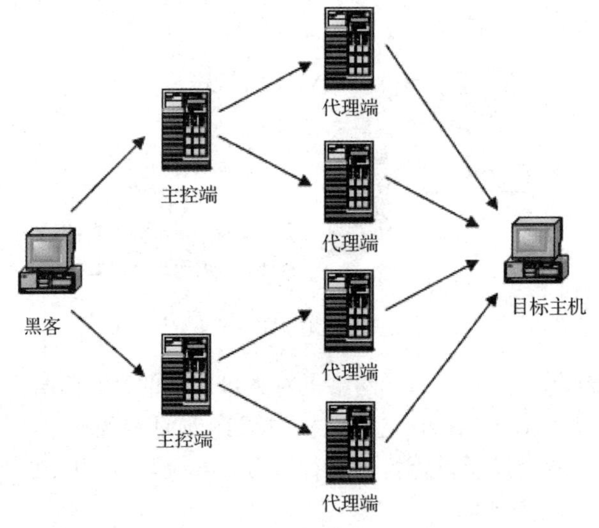

图 7-8　DDoS 攻击

DDoS 攻击分为 3 层：黑客、主控端和代理端，三者在攻击中扮演着不同的角色。

（1）黑客。黑客所用的计算机是攻击主控台，可以是网络上的任何一台主机。黑客操纵整个攻击过程，他向主控端发送攻击命令。

（2）主控端。主控端是黑客非法入侵并控制的一批主机，这些主机还分别控制着大量的代理端。在主控端上安装了特定的程序，因此它们可以接收黑客发来的特殊命令，并且可以把这些命令发送到代理端上。

（3）代理端。代理端同样是黑客非法入侵并控制的一批主机，它们上面运行攻击程序，接收和运行主控端发来的命令。代理端是攻击的执行者，真正向受害者主机发动攻击。

黑客发起 DDoS 攻击的第一步，就是寻找在 Internet 上有漏洞的主机，进入系统后在其上安装后门程序，黑客入侵的主机越多，他的攻击队伍就越壮大。第二步是在被入侵主机上安装攻击程序，其中一部分主机充当攻击的主控端，另一部分主机充当攻击的代理端，最后各部分主机各司其职，在黑客的调遣下对攻击对象发起攻击。因为黑客在幕后操纵，所以在攻击时不会受到监控系统的跟踪，身份不容易被发现。

DDoS 攻击实施起来有一定的难度，它要求黑客必须具备入侵他人计算机的能力。但是很不幸的是，由于一些“傻瓜式”的黑客程序的出现，这些程序可以在几秒钟内完成入侵和攻击程序的安装，因此发动 DDoS 攻击变成一件轻而易举的事情。

2. 防范方法

到目前为止，对 DDoS 攻击的防范还是比较困难的。首先，这种攻击利用了 TCP/IP 协议的漏洞，要完全抵御 DDoS 攻击从原理上讲不太现实。就好像有 1000 个人同时给你家里打电话，这时候你的朋友还打得进来吗？虽然人们不能完全杜绝 DDoS 攻击，但可以尽量避免它给系统带来更大的危害。

（1）关闭不必要的服务，限制同时打开的 SYN 半连接数，缩短 SYN 半连接的超时时间，及时更新系统补丁。

（2）在防火墙方面，禁止对主机的非开放服务的访问，限制同时打开的 SYN 最大连接数，启用防火墙的防 DDoS 攻击的功能，严格限制对外开放的服务器的向外访问，以防止自己的服务器被当作傀儡机。

（3）在路由器方面，使用访问控制列表（ACL）过滤，设置 SYN 数据包流量速率，升级版本过低的操作系统，为路由器做好日志记录。

（4）ISP/ICP 要注意自己管理范围内的用户托管主机不要成为傀儡机，因为有些托管主机的安全性较差，应该和用户“搞好关系”，努力解决可能存在的问题。

（5）骨干网络运营商在自己的出口路由器上进行源 IP 地址的验证，如果在自己的路由表中没有用到这个数据包源 IP 地址的路由，就丢掉这个数据包。这种方法可以阻止黑客利用伪造的源 IP 地址来进行 DDoS 攻击。当然这样做可能会降低路由器的效率，这也是骨干网络运营商非常关注的问题，所以这种做法真正实施起来还很困难。

对 DDoS 攻击的原理与应付方法的研究一直在进行中，找到一个既有效又切实可行的方案不是一朝一夕的事情。但目前至少可以做到把自己的网络与主机维护好，首先，让自己的主机不成为被人利用的对象去攻击别人；其次，在受到攻击的时候，要尽量保存证据，以便事后追查，因此一个良好的网络和系统日志是必要的。

7.2 同步练习

7.2.1 判断题

1. 所有攻击行为都会对网络和用户产生影响。　　（　　）

2．对于无线网络，窃听攻击是无法避免的。（　　）

3．只要计算机安装了最新的补丁，就不存在可被黑客利用的漏洞。（　　）

4．基于主机的漏洞扫描不需要有主机的管理员权限。（　　）

5．主机发现、端口扫描、操作系统检测和漏洞扫描是 4 种主要的网络扫描方式。（　　）

6．穷举攻击是指密码分析者通过依次试遍所有可能的密码对所获得的密文进行解密，直至得到正确的明文。（　　）

7.2.2　选择题

1．关于黑客入侵，以下描述错误的是（　　）。

A．黑客必须已经获取攻击目标的管理员账户信息

B．黑客通过扫描发现攻击目标存在漏洞

C．攻击目标存在漏洞

D．存在黑客终端与攻击目标之间的传输路径

2．（　　）不是黑客成功实施攻击的原因。

A．网络分层结构　　B．主机系统漏洞

C．通信协议的安全缺陷　　D．用户警惕性不够

3．当利用 ICMP 协议进行扫描时，（　　）是可以扫描的目标主机信息。

A．IP 地址　　B．操作系统版本

C．漏洞　　D．弱密码

4．关于 ping 扫描，以下描述正确的是（　　）。

A．一种网络扫描技术，用于指示网络中一系列 IP 地址中的存活主机

B．一种软件应用，可捕获通过局域网发送的所有网络数据包

C．一种扫描技术，检查主机上的一系列 TCP 或 UDP 端口号以检测侦听服务

D．一种查询和响应协议，用于标识域相关信息，包括分配给该域的地址

5．关于重放攻击，以下描述错误的是（　　）。

A．故意延长报文传输时间

B．向接收端重复发送同一报文

C．黑客伪造报文

D．造成接收端报文处理出错

6．在下列技术中，（　　）不能有效防范网络嗅探攻击。

A．VPN　　B．SSL　　C．Telnet　　D．SSH

7．关于 ARP 欺骗攻击，以下描述正确的是（　　）。

A．广播的 ARP 请求报文中给出黑客终端的 MAC 地址与攻击目标的 IP 地址之间的绑定关系

B．广播的 ARP 请求报文中给出攻击目标的 MAC 地址与黑客终端的 IP 地址之间的绑定关系

C．广播的 ARP 请求报文中给出黑客终端的 MAC 地址与黑客终端的 IP 地址之间的绑定关系

D．广播的 ARP 请求报文中给出攻击目标的 MAC 地址与攻击目标的 IP 地址之间的绑定关系

8．（　　）不是 ARP 欺骗攻击的技术机理。

A．终端接收到 ARP 报文，记录 ARP 报文中的 IP 地址和 MAC 地址对

B．如果 ARP 缓冲区中已经存在 IP 地址和 MAC 地址对，则用该 MAC 地址作为该 IP 地址的解析结果

C．可以在 ARP 报文中伪造 IP 地址和 MAC 地址对

D．ARP 缓冲区中的 IP 地址和 MAC 地址对存在寿命

9．ARP 欺骗攻击的实质是（　　）。

A．提供虚拟的 MAC 地址与 IP 地址的组合

B．让其他计算机知道自己的存在

C．窃取用户在网络中传输的数据

D．扰乱网络的正常运行

10．（　　）不是 DHCP 欺骗攻击的技术机理。

A．网络中可以存在多台 DHCP 服务器

B．终端随机选择为其配置网络信息的 DHCP 服务器

C．伪造的网络配置信息会造成终端严重的安全后果

D．多台 DHCP 服务器可能造成终端 IP 地址重复

11．（　　）不是路由项欺骗攻击的技术机理。

A．路由器选择最短路径

B．黑客终端伪造与攻击网络直接相连的路由消息

C．路由器将通往攻击网络的传输路径的下一跳改为黑客终端

D．黑客终端接收其他路由器发送的路由消息

12．关于 SYN 洪泛攻击，以下描述错误的是（　　）。

A．TCP 会话表中的连接项是有限的

B．未完成建立过程的 TCP 连接占用连接项

C．用伪造的、网络中本不存在的 IP 地址发起 TCP 连接建立过程

D．未完成建立过程的 TCP 连接永久占用连接项

13．关于 SYN 洪泛攻击，以下描述错误的是（　　）。

A．SYN 洪泛攻击利用 TCP 固有安全缺陷

B．SYN 洪泛攻击伪造原本不存在的终端发起 TCP 连接建立过程

C．SYN 洪泛攻击用于耗尽攻击目标的 TCP 会话表中的连接项

D．SYN 洪泛攻击破坏攻击目标的保密性

14．（　　）不是对主机系统实施的 DoS 攻击。

A．Ping of Death　　　　B．SYN 洪泛

C．Smurf 攻击　　　　D．穷举法猜测用户登录密码

15．（　　）协议不能被黑客用来进行 DoS 攻击。

A．TCP　　B．IPSec　　C．ICMP　　D．UDP

16．（　　）不是间接 DDoS 攻击的技术机理。

A．黑客终端向傀儡机发送针对特定攻击目标的攻击命令

B．每一台傀儡机随机选择正常主机系统，向正常主机系统发送 ICMP ECHO 请求报文

C．黑客终端成功将木马程序植入多台傀儡机中

D．傀儡机发送的 ICMP ECHO 请求报文以傀儡机的 IP 地址为源 IP 地址

17．关于网络入侵手段，以下描述错误的是（　　）。

A．恶意代码　　B．非法访问　　C．DoS 攻击　　D．黑客

18．无线局域网开放性带来的安全问题包括（　　）。

A．黑客能够轻易接入　　B．黑客能够轻易嗅探数据

C．伪造 AP　　D．都是

19．（　　）不是无线局域网容易发生的安全问题。

A．嗅探和流量分析　　B．ARP 欺骗攻击

C．重放攻击　　D．伪造 AP

第 8 章 网络安全技术应用

8.1 知识点

8.1.1 防火墙技术

1. 防火墙技术概述

以前，当构筑和使用木结构房屋的时候，为防止火灾的发生和蔓延，人们将坚固的石块堆砌在房屋周围作为屏障，这种防护构筑物被称为防火墙（Firewall）。如今，人们借用了这个概念，使用“防火墙”来保护敏感的数据不被窃取和篡改。不过，这种防火墙是由先进的计算机系统构成的。防火墙犹如一道护栏隔在被保护的内部网络与不安全的非信任网络（外部网络）之间，用来保护计算机网络免受非授权人员的骚扰与黑客的入侵。

防火墙可能是非常简单的过滤器，也可能是精心配置的网关，但它们的原理是一样的，都用于监测并过滤所有内部网络和外部网络之间交换的信息。防火墙通常是运行在一台单独计算机上的一个特别的服务软件，它可以识别并屏蔽非法的请求，保护内部网络的敏感数据不被偷窃和破坏，并记录内外部网络通信的有关状态信息，如通信发生的时间和进行的操作等。

防火墙是一种有效的网络安全机制，它主要用于确定哪些内部服务允许外部服务访问，以及允许哪些外部服务访问内部服务。其基本准则就是：一切未被允许的就是禁止的；一切未被禁止的就是允许的。

防火墙是建立在现代通信网络技术和信息安全技术基础上的应用性安全技术，并越来越多地应用于专用网络（内部网络）与公用网络（外部网络）的互联环境之中。

防火墙应该是不同网络或网络安全域之间信息的唯一出入口，能根据企业的安全策略（允许、拒绝、监测）控制出入网络的信息流，且本身具有较强的抗攻击能力，是提供信息安全服务，实现网络和信息安全的基础设施。在逻辑上，防火墙是一个分离器、一个限制器，也是一个分析器，它能有效监控内部网络和外部网络之间的任何活动，保证内部网络的安全。防火墙示意图如图 8-1 所示。

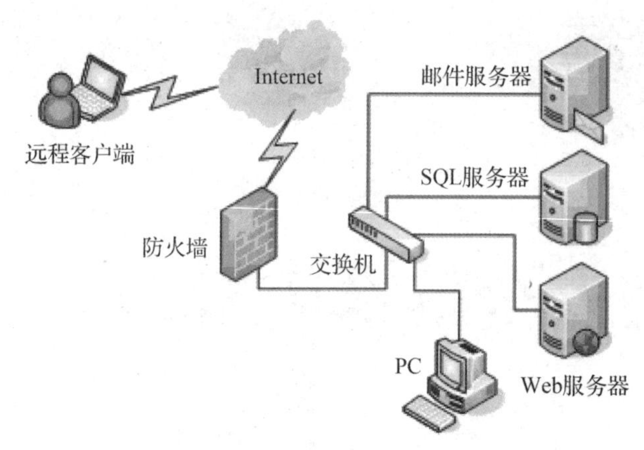

图 8-1　防火墙示意图

防火墙具有如下功能。

（1）防火墙是网络安全的屏障。由于只有经过精心选择的应用协议才能通过防火墙，因此防火墙（作为阻塞点、控制点）能极大地提高内部网络的安全性，并通过过滤不安全的服务而降低风险，使网络环境变得安全。防火墙同时可以保护网络免受基于路由的攻击，如 IP 选项中的源路由攻击和 ICMP 重定向中的重定向路由攻击等。

（2）防火墙可以强化网络安全策略。通过以防火墙为中心的安全方案配置，能将所有安全功能（如加密、身份认证、审计等）配置在防火墙上。与将网络安全问题分散到各台主机上相比，防火墙的集中安全管理更经济。例如，在访问网络时，“一次一密”系统（每一次加密都使用一个不同的密钥）和其他的身份认证系统完全可以集中于防火墙一身。

（3）对网络存取和访问进行监控审计。如果所有的访问都经过防火墙，那么防火墙就能记录下这些访问并做出日志记录，同时能提供网络使用情况的统计数据。当发生可疑动作时，防火墙能进行适当的报警，并提供网络是否受到探测和攻击的详细信息。另外，收集一个网络的使用和误用情况是非常重要的，这样可以清楚防火墙是否能够抵挡黑客的探测和攻击，清楚防火墙的控制是否充分。网络使用情况统计对网络需求分析和威胁分析等也是非常重要的。

（4）防止内部信息的外泄。利用防火墙对内部网络的划分，可实现对内部网络重点网段的隔离，从而限制局部重点或敏感网络安全问题对全局网络造成的影响。此外，隐私是内部网络非常关心的问题，一个内部网络中不引人注意的细节可能包含了有关安全的线索而引起外部黑客的兴趣，甚至因此而暴露了内部网络的某些安全漏洞。使用防火墙就可以隐蔽那些透露内部细节的服务，如 Finger（用来查询使用者的资料）、DNS（域名系统）等服务。Finger 显示了主机的所有用户的注册名、真名、最后登录时间和使用 Shell 类型等。但是 Finger 显示的信息非常容易被黑客获悉。黑客可以由此知道一个系统使用的频繁程度，这个系统是否有用户正在连线上网，这个系统是否在被攻击时引起注意等。防火墙同样可以阻塞有关内部网络中的 DNS 信息，这样一台主机的域名和 IP 地址就不会被外界了解。除安全作用外，防火墙通常还支持 VPN（虚拟专用网）。

虽然防火墙能够在很大程度上阻止非法入侵，但它也有局限性，存在一些防范不到的地方。

（1）防火墙不能防范不经过防火墙的攻击（例如，如果允许从受保护的网络内部向外拨号，那么一些用户就可能形成与 Internet 的直接连接）。

（2）目前，防火墙还不能非常有效地防范感染了病毒的软件和文件的传输。

（3）防火墙管理控制的是内部网络与外部网络之间的数据流，因此它不能防范来自内部网络的攻击。防火墙是用来防范外部网络攻击的，也就是防范黑客攻击的。内部网络攻击有很多都是攻击交换机或攻击网络内部其他计算机的，根本不经过防火墙，所以防火墙就失效了。

2. 防火墙的分类

根据防范的方式和侧重点的不同，防火墙可分成很多类型，但总体来讲可分为 3 类：包过滤防火墙、代理防火墙和状态检测防火墙。

（1）包过滤防火墙。

包过滤防火墙是目前使用最广泛的防火墙，它工作在网络层和传输层，通常安装在路由器上，对数据包进行过滤选择。通过检查数据流中每个数据包的源 IP 地址、目的 IP 地址、所用端口、协议状态等参数，或者将它们的组合与用户预定的转发控制表中的规则进行比较，来确定是否允许该数据包通过。如果检查到数据包所有的条件都符合规则，则允许通过；如果检查到数据包的条件不符合规则，则拒绝通过并将其丢弃。数据包检查是指对网络层的首部和传输层的首部进行过滤，一般要检查下面几项。

① 源 IP 地址。

② 目的 IP 地址。

③ TCP/UDP 源端口号。

④ TCP/UDP 目的端口号。

⑤ 协议类型（TCP、UDP、ICMP）。

⑥ TCP 报头中的 ACK 位。

⑦ ICMP 消息类型。

实际上，包过滤防火墙一般允许内部网络的主机直接访问外部网络，而外部网络的主机对内部网络的访问要受到限制。

Internet 上的某些特定服务一般都使用相对固定的端口，因此路由器在设置包过滤规则时指定，对于某些端口，允许数据包在该端口交换，或者阻断数据包与它们的连接。

包过滤规则定义在转发控制表中，数据包遵循自上而下的次序依次运用每一条规则，直到遇到与其相匹配的规则为止。对数据包可采取的操作有转发、丢弃、报错等。根据不同的实现方式，包过滤可以在数据包进入防火墙时进行，也可以在数据包离开防火墙时进行。

表 8-1 所示为包过滤转发控制表。

表 8-1　包过滤转发控制表

规则序号	传输方向	协议类型	源 IP 地址	源端口号	目的 IP 地址	目的端口号	控制操作
1	输入	TCP	外部	大于 1023	内部	80	允许
2	输出	TCP	内部	80	外部	大于 1023	允许
3	输出	TCP	内部	大于 1023	外部	80	允许
4	输入	TCP	外部	80	内部	大于 1023	允许
5	输入或输出	*	*	*	*	*	拒绝

注：表中的 * 表示任意。

表 8-1 中的规则 1、规则 2 允许外部主机访问本站点的 WWW 服务器，规则 3、规则 4 允许内部主机访问外部的 WWW 服务器。服务器可能使用非标准端口号，给防火墙允许的配置带来一些麻烦。因此，实际使用的防火墙都直接对应用协议进行过滤，即管理员可在规则中指明是否允许 HTTP 通过，而不是只关注 80 端口。

规则 5 表示除规则 1 ～规则 4 允许的数据包可以通过外，其他所有数据包一律禁止通过，即一切未被允许的就是禁止的。

包过滤防火墙的优点是简单、方便、速度快，对用户透明，对网络性能影响不大。其缺点是不能彻底防止 IP 地址欺骗；一些应用协议不适合于数据包过滤；缺乏用户认证机制；正常的数据包过滤路由器无法执行某些安全策略。因此，包过滤防火墙的安全性较差。

（2）代理防火墙。

首先介绍一下代理服务器，代理服务器作为一个为用户保密或突破访问限制的数据转发通道，在网络上应用广泛。一套完整的代理设备包含一个代理服务器端和一个代理客户端，代理服务器端先接收来自用户的请求，调用自身的代理客户端模拟一个基于用户的请求，连接到目的服务器，再把目的服务器返回的数据转发给用户，完成一次代理工作过程。代理服务器的工作过程如图 8-2 所示。

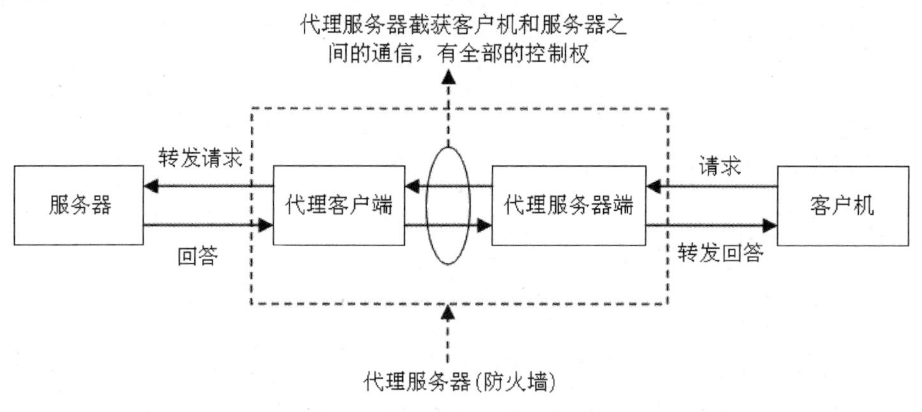

图 8-2　代理服务器的工作过程

也就是说，代理服务器通常运行在两个网络之间，是客户机和真实服务器之间的中介，代理服务器彻底隔断内部网络与外部网络的“直接”通信，内部网络的客户机对外部网络的服务器的访问，变成了代理服务器对外部网络的服务器的访问，由代理服务器转发给内部网络的客户机。代理服务器对内部网络的客户机来说像一台服务器，而对于外部网络的服务器来说，又像一台客户机。

如果在一套代理设备的代理服务器端和代理客户端之间提供一个过滤措施，就形成了代理防火墙，这种防火墙实际上就是一台小型的带有数据检测、过滤功能的透明代理服务器，但是并不是单纯地在一套代理设备中嵌入包过滤技术，而是一种称为“应用协议分析”（Application Protocol Analysis）的技术。所以经常把代理防火墙称为代理服务器，其工作在应用层，适用于某些特定的服务，如 HTTP、FTP 等。代理防火墙的工作原理如图 8-3 所示。

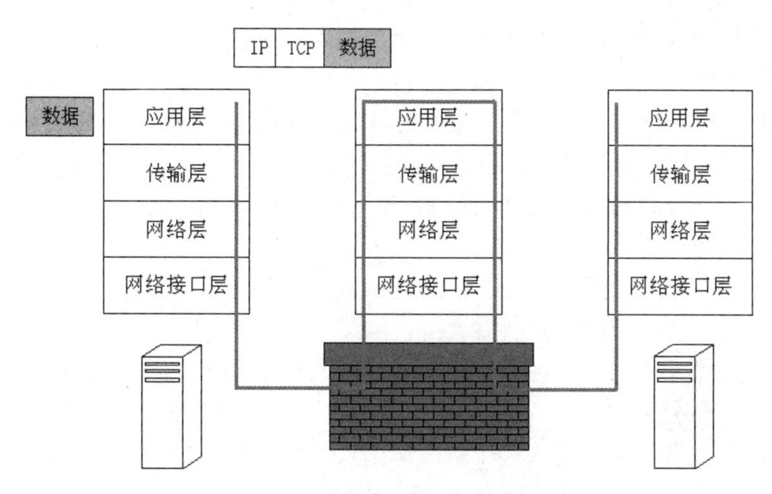

图 8-3 代理防火墙的工作原理

“应用协议分析”技术工作在 OSI 参考模型的应用层上，在这一层能接触到的所有数据都是最终形式的，也就是说，防火墙“看到”的数据与最终用户看到的是一样的，而不是一个个带着地址、端口、协议等原始内容的数据包，因此可以实现更高级的数据检测过程。

“应用协议分析”模块根据应用层协议处理数据，通过预置的处理规则判断该数据是否有危害。由于这一层面对的已经不再是组合有限的报文协议，可以识别 HTTP 头中的内容，如进行域名的过滤，甚至可以识别类似“GET /sql.asp?id=1 and 1”的数据内容，因此代理防火墙不仅能根据应用层提供的信息判断数据是否有危害，还能像管理员分析服务器日志那样“看”内容，辨别危害。

代理防火墙的特点是完全“阻隔”了网络通信流，通过对每种应用服务编制专门的代理程序，实现监视和控制应用层通信流的作用。代理防火墙与包过滤防火墙的不同之处在于，内部网络和外部网络之间不存在直接连接，同时提供审计和日志服务。实际的代理防火墙通常由专用工作站来实现，如图 8-4 所示。

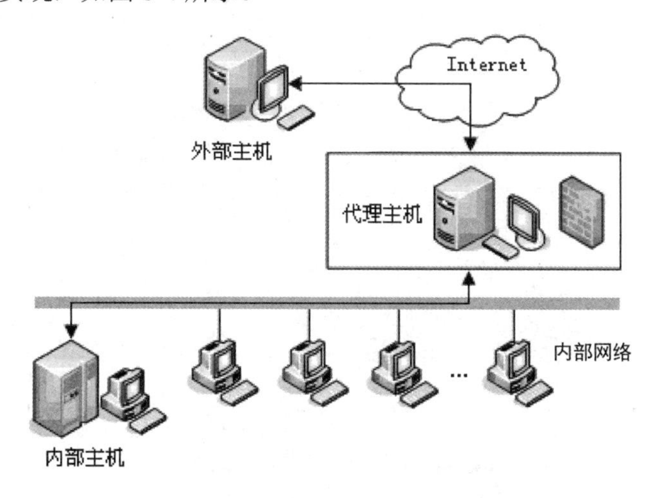

图 8-4 代理防火墙

代理防火墙是内部网络与外部网络的隔离点，工作在 OSI 参考模型的最高层，掌握着应用系统中可用作安全决策的全部信息，起着监视和隔绝应用层通信流的作用。其优点是可以检查应用层、传输层和网络层的协议特征，对数据包的检测能力比较强；其缺点主要是难于配置和处理速度较慢。

应用层代理防火墙使用专用软件转发和过滤特定的应用服务，如 Telnet 和 FTP 等服务。这是一种代理服务，代理服务技术适应于应用层，它用一个高层的应用网关作为代理服务器。应用层代理防火墙是传统的代理防火墙。

（3）状态检测防火墙。

状态检测技术是基于会话层的技术，对外部的连接和通信行为进行状态检测，阻止可能具有攻击性的行为，从而可以抵御网络攻击。

Internet 上传输的数据都必须遵循 TCP/IP。根据 TCP，每个可靠连接的建立需要经过“客户机同步请求”“服务器应答”“客户机应答” 3 个阶段（3 次握手），如常用的 Web 浏览、文件下载和收发邮件等都要经过这 3 个阶段，这反映出数据包并不是独立的，而是前后之间有着密切的状态联系，基于这种状态变化，引出了状态检测技术。

状态检测防火墙克服了包过滤防火墙仅检查数据包的 IP 地址等几个参数，而不关心数据包连接状态变化的缺点，在防火墙的核心部分建立状态连接表，并将进出网络的数据当成一个个的会话，利用状态连接表跟踪每一个会话的状态。状态检测防火墙对每一个数据包的检查不仅根据规则，还考虑了数据包是否符合会话所处的状态，因此提供了完整的对传输层的控制能力。

状态检测技术采用了一系列优化技术，使防火墙性能大幅度提升，能应用在各类网络环境中，尤其是在一些规则复杂的大型网络上。任何一款高性能的防火墙，都会采用状态检测技术。国内的防火墙公司，如北京天融信公司，2000 年就开始采用状态检测技术，并在此基础上创新推出了核检测技术，在实现安全目标的同时可以得到极高的性能。

3. 防火墙体系结构

网络防火墙的安全体系结构基本上可分为 4 种：包过滤路由器防火墙结构、双宿主主机防火墙结构、屏蔽主机防火墙结构、屏蔽子网防火墙结构。

（1）包过滤路由器防火墙结构。

在传统的路由器中增加包过滤功能就可以形成包过滤路由器防火墙。这种防火墙的好处是完全透明，但由于是在单机上实现的，因此形成了网络中的“单失效点”。由于路由器的基础功能是转发数据包，一旦过滤功能失效，网络被入侵，就会形成直通状态，任何非法访问都可以进入内部网络。这种防火墙尚不能提供有效的安全功能，仅在早期的网络中应用。包过滤路由器防火墙结构如图 8-5 所示。

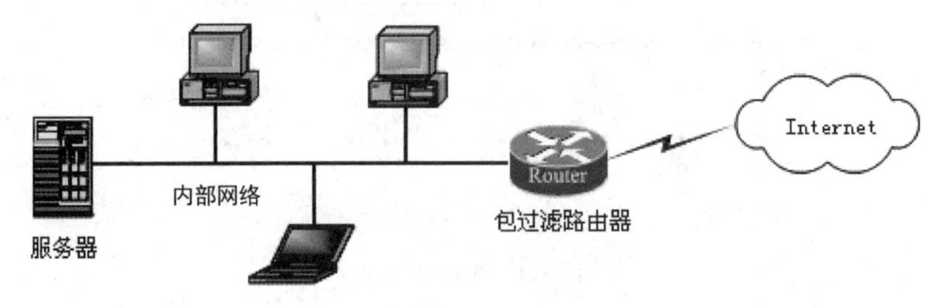

图 8-5　包过滤路由器防火墙结构

（2）双宿主主机防火墙结构。

双宿主主机防火墙结构至少由具有两个接口（两块网卡）的双宿主主机构成。双宿主主机的一个接口接内部网络，另一个接口接外部网络。内部网络、外部网络之间不能直接通信，必须通过双宿主主机上的应用层代理服务来完成，双宿主主机防火墙结构如图 8-6 所示。一旦黑客入侵双宿主主机并使其具有路由功能，那么双宿主主机防火墙将变得无用。

双宿主主机防火墙结构的优点是网络结构简单，有较好的安全性，可以实现身份鉴别和应用层数据过滤。但当黑客入侵双宿主主机时，可能导致内部网络处于不安全的状态。

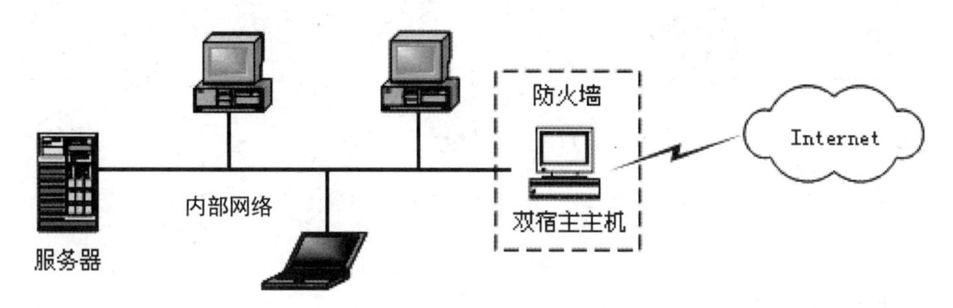

图 8-6　双宿主主机防火墙结构

（3）屏蔽主机防火墙结构。

屏蔽主机防火墙由包过滤路由器和提供安全保障的主机（堡垒主机）构成。该结构中堡垒主机仅与内部网络相连，而包过滤路由器位于内部网络和外部网络之间，如图 8-7 所示。

堡垒主机是 Internet 主机连接内部网络系统的桥梁。任何外部系统试图访问内部网络系统或服务，都必须连接到堡垒主机上。因此，堡垒主机需要更高级别的安全性。

通常在包过滤路由器上设立过滤规则，使得堡垒主机成为从外部网络唯一可直接到达的主机，其代理服务软件将允许通过的信息传输到受保护的内部网络上，这确保了内部网络不受未被授权的外部用户的攻击。屏蔽主机防火墙实现了网络层和应用层的安全，因而比单纯的包过滤防火墙更安全。在这一结构下，包过滤路由器是否配置正确，是这种防火墙安全与否的关键。如果路由表遭到破坏，那么堡垒主机就可能被越过，从而使内部网络完全暴露。

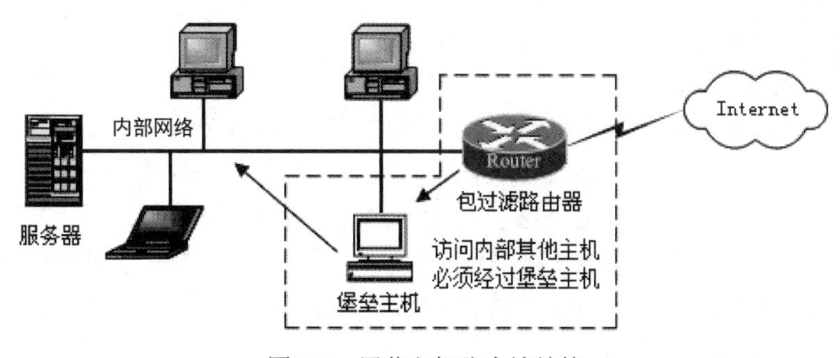

图 8-7　屏蔽主机防火墙结构

（4）屏蔽子网防火墙结构。

屏蔽子网防火墙结构如图 8-8 所示，采用了两个包过滤路由器和一个堡垒主机，在内部网络和外部网络之间建立了一个被隔离的子网，通常称为非军事区（DMZ）。可以将各种服务器（如 WWW 服务器、FTP 服务器等）置于 DMZ 中，解决服务器位于内部网络带来的不安全问题。

由于采用两个包过滤路由器进行了双重保护，因此外部攻击数据很难进入内部网络。外部网络用户通过 DMZ 中的服务器访问企业的网站，而不需要进入内部网络。在这一配置中，即使堡垒主机被黑客控制，内部网络仍然受到内部包过滤路由器的保护，避免了“单点失效”的问题。

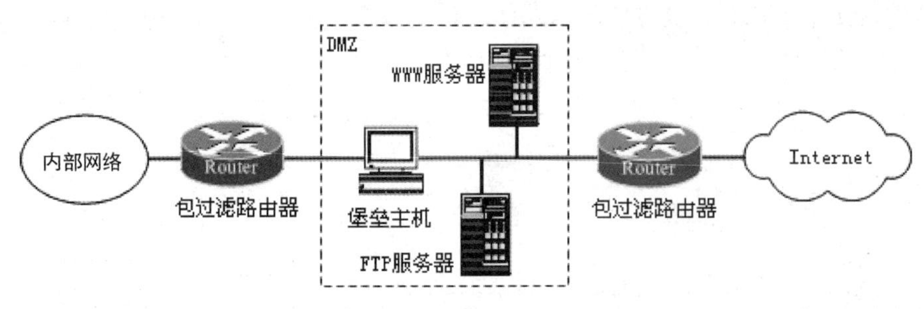

图 8-8 屏蔽子网防火墙结构

8.1.2 入侵检测技术

1. 入侵检测系统概述

入侵检测系统（Intrusion Detection System，IDS）是一类专门面向网络入侵的安全检测系统，它从计算机网络系统中的若干关键点收集信息，并分析这些信息，查看网络中是否有违反安全策略的行为和遭到袭击的迹象。入侵检测被认为是防火墙之后的第二道安全防线，在不影响网络性能的情况下能对网络进行监测，从而提供对内部攻击、外部攻击和误操作的实时保护。

入侵检测系统的基本功能有以下方面。

（1）检测和分析用户及系统的活动。

（2）审计系统配置和漏洞。

（3）识别已知攻击。

（4）统计分析异常行为。

（5）评估系统关键资源和数据文件的完整性。

（6）对操作系统进行审计、追踪、管理，并识别用户违反安全策略的行为。

一个成功的入侵检测系统，不仅可使系统管理员时刻了解网络系统（包括程序、文件和硬件设备等）的任何变更，还能给网络安全策略的制定提供指南。同时，它应该是管理和配置简单的，非专业人员也能容易地获得网络安全。当然，入侵检测的规模还应根据网络威胁、系统构造和安全需求的改变而改变。入侵检测系统在发现入侵后，应及时做出响应，包括切断网络连接、记录事件和报警等。

目前，入侵检测系统主要以模式匹配技术为主，并结合异常匹配技术，在实现方式上一般分为两种：基于主机和基于网络，而一个完备的入侵检测系统一定是基于主机和基于网络这两种方式兼备的分布式系统。另外，能够识别的入侵手段数量的多少、最新入侵手段的更新是否及时也是评价入侵检测系统的关键指标。

2. 入侵检测系统的基本结构

为了解决入侵检测系统之间的兼容性和互操作性，国际上的一些研究组织开展了研究入侵检测系统的标准化工作，其中美国国防部高级研究计划局（DARPA）提出的建议是公共入侵检测框架（CIDF）。CIDF 阐述了一个入侵检测系统的通用模型，它将一个入侵检测系统分为以下 4 个基本组件：事件发生器、事件分析器、事件数据库和响应单元。入侵检测系统的组成如图 8-9 所示。

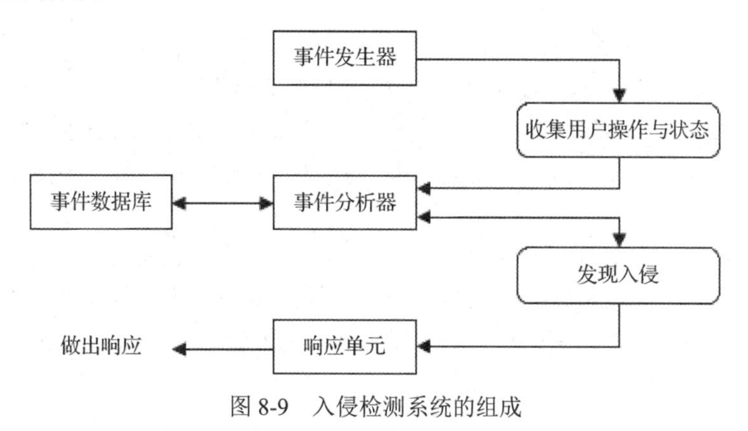

图 8-9 入侵检测系统的组成

CIDF 将入侵检测系统需要分析的数据统称为事件，事件可以是网络中的数据包，也可以是从系统日志或其他途径得到的信息。

（1）事件发生器。

① 负责原始数据收集，并将收集到的原始数据转换为事件，向系统的其他部分提供此事件。

② 收集内容，包括系统、网络数据及用户活动的状态和行为。

③ 需要在计算机网络系统中的若干不同的关键点（不同网段和不同主机）收集信息，包括系统和网络的日志文件、网络流量、系统目录和文件的异常变化、程序执行的异常行为等。

入侵检测系统在很大程度上依赖于收集信息的可靠性和正确性，要保证用来检测网络系统的软件的完整性，特别是入侵检测系统软件本身应具有坚固性，防止被篡改而收集到错误的信息。

（2）事件分析器。

事件分析器接收事件信息，并对其进行分析，判断是否为入侵行为或异常现象，最后将判断的结果转变为告警信息。分析方法主要有以下几种。

① 模式匹配。将收集到的信息与已知的网络入侵和系统误用模式进行比较，从而发现违背安全策略的行为。

② 统计分析。给系统对象（如用户、文件、目录、设备等）创建一个统计描述，统计正常使用时的一些测量属性（如访问次数、操作失败次数和延迟等）；测量属性的平均值和偏差将被用来与网络、系统的行为进行比较，当任何测量属性值在正常值范围之外时，就认为有入侵发生。

③ 完整性分析（往往用于事后分析）。主要检测某个文件或对象是否被更改。

（3）事件数据库。

事件数据库是存放各种中间和最终数据的地方，它可以是复杂的数据库，也可以是简单的文本文件。事件数据库从事件发生器或事件分析器接收数据，一般会将数据进行较长时间的保存。

（4）响应单元。

响应单元根据告警信息做出反应，是入侵检测系统中的主动武器，可做出强烈反应，如切断连接、改变文件属性等，也可以只进行简单的报警。

以上 4 个组件只是逻辑实体，一个组件可能是某台计算机上的一个进程甚至线程，也可能是多台计算机上的多个进程，它们以 GIDO（统一入侵检测对象）格式进行数据交换。

3. 入侵检测系统的分类

从数据来源看，入侵检测系统主要有以下 3 种基本类型。

（1）基于主机的入侵检测系统（Host Intrusion Detection System，HIDS），其数据来源于主机系统，通常是系统日志和审计记录。HIDS 通过对系统日志和审计记录的不断监控和分析来发现攻击行为。

HIDS 用于保护单台主机不受网络入侵的攻击，通常安装在被保护的主机上，其配置如图 8-10 所示。其检测目标主要是主机系统和系统本地用户；检测原理是根据主机的系统日志和审计记录发现可疑事件。HIDS 可以在被检测的主机或单独的主机上运行。

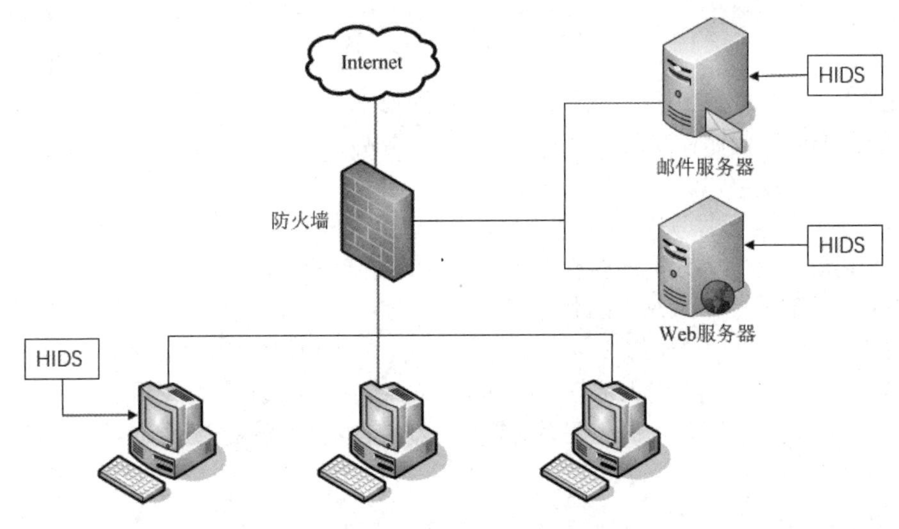

图 8-10　HIDS 的配置

通常，HIDS 可检测系统、事件和 Windows 环境下的安全记录及 UNIX 环境下的系统记录。当有文件发生变化时，HIDS 将新的记录条目与攻击特征进行比较，观察它们是否匹配。如果匹配，系统就会向管理员报警并向别的目标报告，以采取相应的措施。

HIDS 具有以下优点。

① 监视特定的系统活动。

② 适用于被加密的和交换的环境。

③ 近乎实时的检测和应答。

④ 不需要额外的硬件。

当然，HIDS 也存在一些不足。例如，HIDS 依赖于特定的操作系统和审计跟踪日志，系统的实现往往依赖于某固定平台，可扩展性、可移植性较差。HIDS 会占用主机的资源，给相关服务的实现带来更大的负担，因此，HIDS 的应用范围受到了严重限制。

（2）基于网络的入侵检测系统（Network Intrusion Detection System，NIDS），其数据来源于网络上的数据流，NIDS 能够截获网络中的数据包，提取其特征并与知识库中已知的攻击行为特征进行比较，从而达到检测的目的。

随着计算机网络技术的发展，单独依靠 HIDS 难以满足网络安全的需求。在这种情况下，人们提出了 NIDS 体系结构。NIDS 通常作为独立的个体放置于被保护的网络上，其配置如图 8-11 所示。

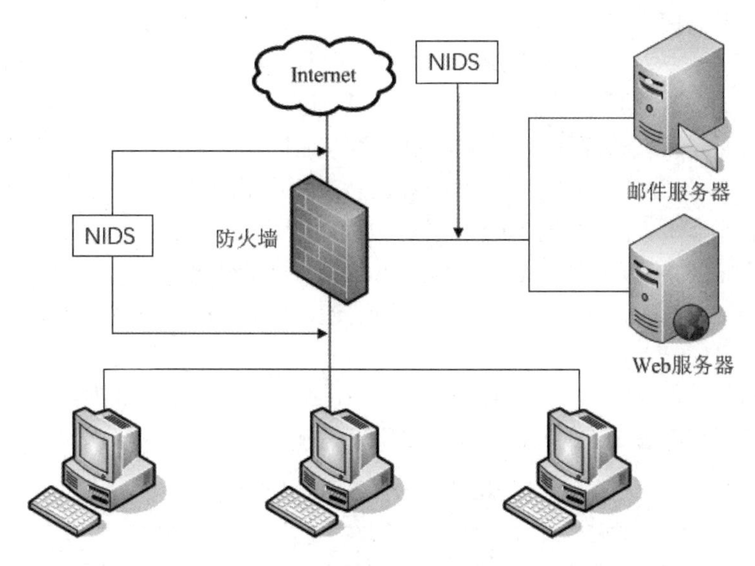

图 8-11 NIDS 的配置

NIDS 使用网络数据包作为数据源。NIDS 通常利用一个运行在混杂模式下的网络适配器来实时监听并分析通过网络的所有通信业务，也可以采用其他特殊硬件获得原始网络数据包。一旦检测到攻击行为，NIDS 的响应模块就能提供多种选项，如通知、报警并对攻击采取相应的措施（如断开网络）。

NIDS 可以分析经过本网段的所有数据包，其检测精度与 HIDS 相比显得偏低，但 NIDS 往往设有专门的分析器来进行网络数据的监视，减轻了网络中其他主机的负担，弥补了 HIDS 的不足。

NIDS 的应用方式分为在线方式和杂凑方式。在在线方式下，NIDS 位于关键链路的中间，所有经过该链路传输的信息都必须经过 NIDS。在杂凑方式下，NIDS 对信息经过关键链路的传输没有影响，只能被动捕获经过关键链路传输的信息，因此，无法实时阻断入侵信息的传输过程。

NIDS 主要有以下优点。

① 成本低。NIDS 允许部署在一个或多个关键访问点上，来检查所有经过的网络通信。因此，NIDS 并不需要在各种各样的主机上进行安装，可大大降低安全和管理的复杂性。

② 黑客转移证据困难。NIDS 使用活动的网络通信进行实时攻击检测，因此黑客无法转移证据。被 NIDS 捕获的数据不仅包括攻击方法，还包括对识别和指控黑客十分有用的信息。

③ 实时检测和响应。一旦发生恶意访问或攻击，NIDS 就可以及时发现它们，因此能够很快地做出反应。例如，若黑客使用 TCP 启动基于网络的拒绝服务攻击，那么 NIDS 可以通过发送一个 TCP Reset 来立即终止这个攻击，这样就可以避免目标主机遭受破坏或崩溃。这

种实时性使得系统可以根据预先设置的参数迅速采取相应的行动，从而将入侵活动对系统的破坏程度降到最低。

④ 能够检测未成功的攻击企图。一个放置在防火墙外的 NIDS 可以检测到旨在利用防火墙后面的资源的攻击，尽管防火墙本身可能会拒绝这些攻击企图。HIDS 并不能发现未能到达受防火墙保护的主机的攻击企图，而这些信息对于评估和改进安全策略是十分重要的。

⑤ 操作系统独立。NIDS 并不依赖主机的操作系统作为检测资源，而 HIDS 需要在特定的操作系统中才能发挥作用。

NIDS 的主要缺点是：检测范围较小，只能检测本网段的活动，无法在交换网络中发挥作用，这是由 NIDS 的数据包截获原理决定的，其他网段的数据包不会通过广播的形式通知本网段的网络适配器；精确度不高，不同的网段具有不同的参数，特别是可能有不同的最大传输单元，如果网络上有一个较大的攻击数据包，由于超过了网络的最大传输单元，那么这个数据包会被分割成若干个较小的数据包，从而造成特征值的不完整，在这种情况下，NIDS 检测的精确度将显著下降；无法检测到加密后的攻击数据包，NIDS 通常工作在网络层，无法阻止在上一层中进行过加密处理的攻击数据包；在交换网络中难以配置，并且防入侵欺骗的能力不强。

基于主机和基于网络的入侵检测都有其优势和劣势，两种方法互为补充。一种真正有效的入侵检测系统应将二者结合。HIDS 和 NIDS 的比较如表 8-2 所示。

表 8-2　HIDS 和 NIDS 的比较

项　目	HIDS	NIDS
数据来源	操作系统的事件日志、应用程序的事件日志、系统调用、端口调用和安全审计记录	网络中的所有数据包
优点	能够提供更为详尽的用户行为信息；系统复杂程度低；误报率低	不会影响业务系统的性能；采取旁路侦听工作方式，不会影响网络的正常运行
缺点	对主机的依赖性很强；对主机性能影响较大；不能检测网络状况	不能检测通过加密通道的攻击

（3）采用上述两种数据来源的分布式入侵检测系统（Distributed Intrusion Detection System，DIDS），能够同时分析来自主机系统的审计日志和网络数据流，一般为分布式结构，由多个部件组成。DIDS 可以从多台主机中获取数据，也可以从网络传输中获取数据，克服了单一的 HIDS、NIDS 的不足。

由于计算机信息系统的弱点或漏洞分散在网络中的各台主机上，这些弱点或漏洞有可能被黑客同时利用来攻击网络，而依靠唯一的主机或网络，入侵检测系统可能不会发现入侵行为。并且，现在的入侵行为大多不再是单一的行为，而表现出相互协作入侵的特点，如 DDoS 攻击。另外，入侵检测所依靠的数据来源分散化，收集原始检测数据变得困难；网络传输速率提高，网络流量越来越大，集中处理原始数据的方式往往容易遇到检测瓶颈，从而导致漏检。

基于上述情况，分布式入侵检测系统（DIDS）应运而生。DIDS 通常由数据采集构件、通信传输构件、入侵检测分析构件、应急处理构件、管理构件和安全知识库等组成，如图 8-12 所示。这些构件可根据不同情形进行组合。例如，数据采集构件和通信传输构件组合就能产生新的构件，新的构件完成数据采集和传输的双重任务。所有的这些构件组合起来就是一个 DIDS。

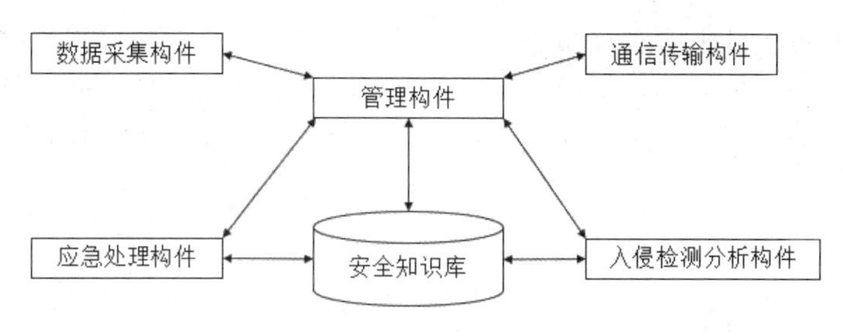

图 8-12　DIDS 结构示意图

① 数据采集构件。采集检测使用的数据，可驻留在网络中的主机上或安装在网络中的监测点上。数据采集构件需要通信传输构件的协作，将采集的信息传输到入侵检测分析构件中进行处理。

② 通信传输构件。传递检测的结果、处理原始的数据和控制命令，一般需要与其他构件协作完成通信功能。

③ 入侵检测分析构件。依据检测的数据，采用检测算法，对数据进行误用分析和异常分析，产生检测结果，发出报警和应急信号。

④ 应急处理构件。按入侵检测的结果和主机、网络的实际情况，做出决策判断，对入侵行为进行响应。

⑤ 管理构件。管理其他构件的配置，生成入侵总体报告，提供用户和其他构件的管理接口、图形化工具或可视化的界面，供用户查询、配置入侵检测系统等。

⑥ 安全知识库。存储入侵特征和入侵事件等数据，供进一步的分析、取证。

DIDS 采用了典型的分布式结构，其目标是既能检测网络入侵行为，又能检测主机入侵行为。

使用 DIDS 能够防止来自内部和外部的攻击。DIDS 综合了 HIDS 和 NIDS 的优点，只需在网络中及重要的主机中安装主机监控代理，就可提高对重点主机的保护力度；在局域网中安装网络监控代理，可降低大部分主机的负担。

4. 入侵检测技术的分类

入侵检测系统是根据入侵行为与正常访问行为的差别来识别入侵行为的，根据识别所采用的技术不同，入侵检测可分为误用检测和异常检测。

（1）误用检测。误用检测（Misuse Detection）又称为特征检测（Signature-based Detection），它假设所有的网络攻击行为和方法都具有一定的模式或特征。如果把以往发现的所有网络攻击的特征都总结出来并建立一个入侵信息库，那么入侵检测系统就可以将当前捕获到的网络行为特征与入侵信息库中的特征信息进行比对，如果匹配，则当前行为就被认定为入侵行为。

误用检测技术首先要定义违背安全策略事件的特征，即建立入侵信息库；然后判别所搜集的主要数据特征是否在入侵信息库中出现，即将搜集到的信息与已知的网络入侵和系统误用模式数据库进行比对，从而发现违背安全策略的行为。这种方法与大部分杀毒软件采用的特征码匹配原理类似。该过程可以很简单（如通过字符串匹配以寻找一个简单的条目或指令），也可以很复杂（如利用正规的数学表达式来表示安全状态的变化）。一般来说，一种攻击模式可以用一个过程（如执行一条指令）或一个输出（如获得权限）来表示。

误用检测能检测到几乎所有已知的攻击模式，但对新的或未知模式的攻击无能为力。特征检测系统的关键问题在于如何从已知入侵中提取和编写特征，使其能够覆盖该入侵的所有可能变种，同时不会将正常的活动包含进来，误用检测的基本原理如图 8-13 所示。

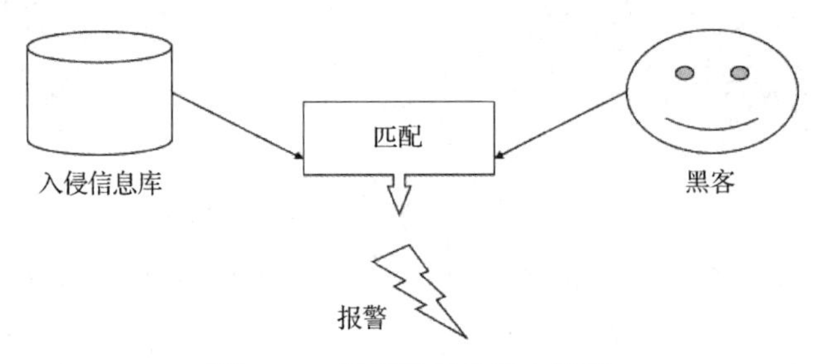

图 8-13　误用检测的基本原理

常用的误用检测技术有专家系统误用检测、特征分析误用检测、模型推理误用检测、条件概率误用检测、键盘监控误用检测等。

（2）异常检测。异常检测假设黑客活动异常于正常主体的活动。根据这个假设建立主体正常活动的特征文件，将当前主体的活动与特征文件进行比对，当违反其统计规律时，则认为该活动可能是入侵行为。例如，一个程序员的正常活动与一个打字员的正常活动不同，打字员常用的是编辑文件、打印文件等命令，而程序员更多地使用编辑、编译、调试、运行等命令。这样一来，依据各自不同的正常活动建立起来的特征文件，便具有用户特性。黑客使用正常用户的账号，其行为并不会与正常用户的行为相吻合，因而可以被检测出来。

异常检测的难题在于如何建立特征及如何设计统计算法，避免把正常的操作作为入侵（误报）或忽略真正的入侵行为（漏报），异常检测的基本原理如图 8-14 所示。

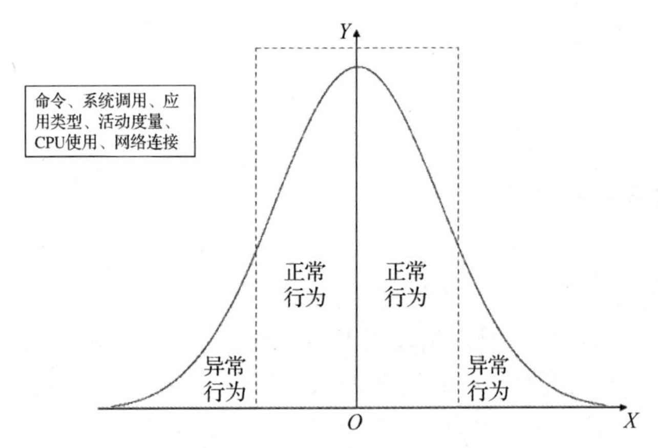

图 8-14　异常检测的基本原理

异常检测技术首先定义一组系统正常活动的阈值，如 CPU 利用率、内存利用率、文件检验和等。这类参数可以人为定义，也可以通过观察系统，用统计的办法得出；然后将系统运行时的参数与所定义的“正常”参数进行比较，就可获知是否有被攻击的迹象。这种检测方式的核心在于对系统运行情况的分析。

异常检测技术将测量属性的平均值与网络、系统的行为进行比较，当观察值在正常值范围之外时，就判断有入侵行为发生。例如，异常检测技术可能标识一个不正常行为，因为它发现一个通常在晚上 20:00 到次日早晨 6:00 不登录的账户却在凌晨 2:00 试图登录。异常检测技术的优点是可以检测到未知入侵，缺点是误报、瞒报率高。

常用的异常检测技术有统计分析异常检测、神经网络异常检测、数据挖掘异常检测、模式预测异常检测等。

8.1.3　VPN 技术

1. VPN 概述

VPN（Virtual Private Network，虚拟专用网）是指通过公用网络（通常是 Internet）建立的一个临时的安全连接，是一条穿过公用网络的安全、稳定的隧道。VPN 是企业网在 Internet 等公用网络上的延伸，它通过安全的数据通道，帮助远程用户、公司分支机构、商业伙伴及供应商与公司的内部网建立可信的安全连接，并保证数据的安全传输，构成一个扩展的公司企业网，如图 8-15 所示。VPN 可用于数量不断增长的移动用户的全球 Internet 接入，以实现安全连接，并可用于实现企业网络之间安全通信的虚拟专用线路。

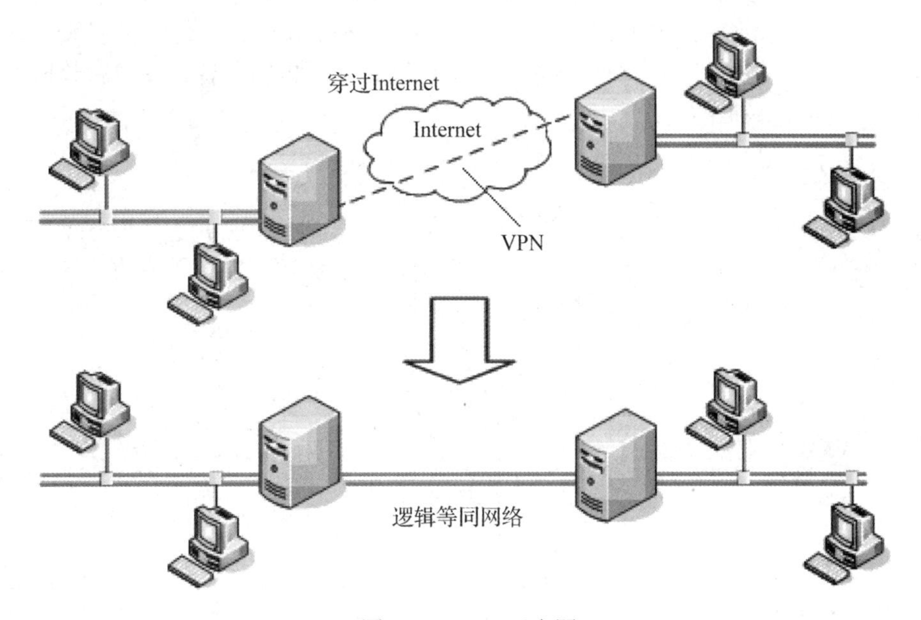

图 8-15　VPN 示意图

通俗地讲，VPN 实际上是“线路中的线路”，类似城市道路上的“公交专用线”，所不同的是，由 VPN 组成的“线路”并不是物理存在的，而是通过技术手段模拟出来的，即“虚拟”的。不过，这种虚拟的专用网络技术可以在一条公用线路中为两台计算机建立一个逻辑上的专用“通道”，它具有良好的保密性和不受干扰性，使双方能进行自由而安全的点对点连接，因此得到网络管理员的广泛关注。

互联网工程任务小组（Internet Engineering Task Force，IETF）已经为 VPN 技术制定了标准，基于这一标准的产品，将使各种应用场合下的 VPN 具有充分的互操作性和可扩展性。

VPN 可以实现不同网络组件和资源之间的相互连接，利用 Internet 或其他公共互联网络的基础设施为用户创建隧道，并提供与专用网络一样的安全和功能保障。提高 VPN 效用的关键问题在于当用户的业务需求发生变化时，用户能很方便地调整他的 VPN 以适应变化，并且能方便地升级到新的 TCP/IP 版本；那些提供门类齐全的软、硬件 VPN 产品的供应商，则能提供一些灵活的选择以满足用户的要求。目前的 VPN 产品主要运行在 IPv4 之上，但应当具备升级到 IPv6 的能力，同时要保持良好的互操作性。

2. VPN 的特点

VPN 是平衡 Internet 的实用性和价格优势的最有前途的通信手段之一。利用共享的 IP 网络建立 VPN 连接，可以使企业减少对昂贵的租用专线和复杂的远程访问方案的依赖性。VPN 具有以下特点。

（1）安全性。用加密技术对经过隧道传输的数据进行加密，以保证数据仅被指定的发送方和接收方了解，从而保证了数据的私有性和安全性。

（2）专用性。在非面向连接的公用 IP 网络上建立一个逻辑的、点对点的连接，称为建立一个隧道。

（3）经济性。VPN 可以使移动用户和一些小型的分支机构的网络开销减少，不仅可以大幅度削减传输数据的开销，还可以削减传输语音的开销。

（4）扩展性和灵活性。VPN 能够支持通过 Intranet 和 Extranet 的任何类型的数据流，方便增加新的节点，支持多种类型的传输媒介，可以满足同时传输语音、图像和数据等新应用对高质量传输及带宽增加的需求。

3. VPN 的处理过程

一条 VPN 连接一般由客户机、隧道和服务器组成。VPN 系统使分布在不同地方的专用网络在不可信任的公用网络上安全通信。VPN 采用复杂的算法来加密传输的信息，使得敏感的数据不会被窃听。VPN 的处理过程如图 8-16 所示。

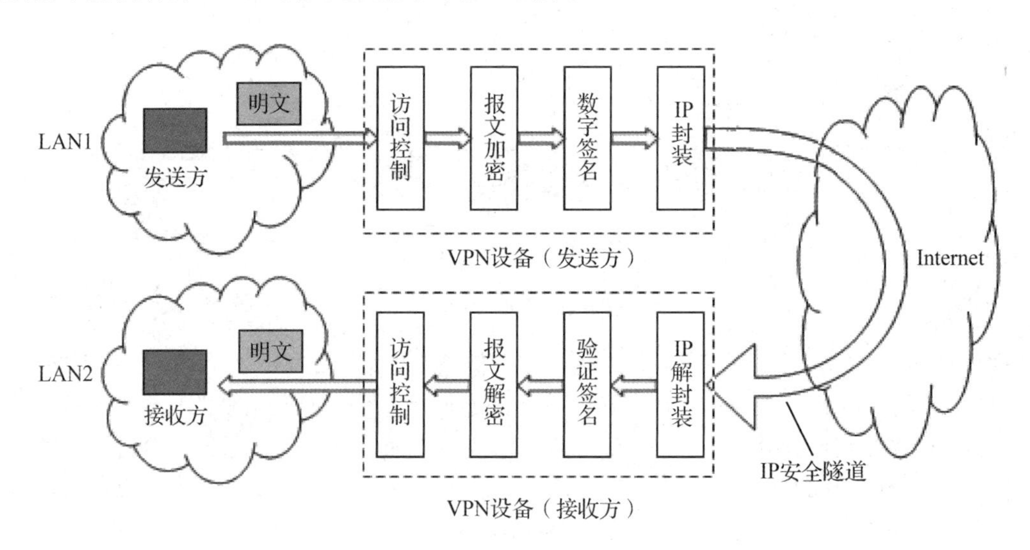

图 8-16　VPN 的处理过程

（1）要保护的主机将明文信息发送到连接公用网络的 VPN 设备。

（2）VPN 设备根据网络管理员设置的规则，确定是否需要对数据进行加密或让数据直接通过。

（3）对需要加密的数据，VPN 设备对整个数据包进行加密，并附上数字签名。

（4）VPN 设备加上新的数据包头，其中包括目的 VPN 设备需要的安全信息和一些初始化参数。

（5）VPN 设备对加密后的数据包、数字签名，以及源 IP 地址、目的 IP 地址进行重新封装，重新封装后的数据包通过虚拟通道在公用网络上传输。

（6）当到达目的 VPN 设备时，数据包被解封装，数字签名核对无误后，数据被解密。

4. VPN 的分类

VPN 按照服务类型可以分为企业内部 VPN（Intranet VPN）、企业扩展 VPN（Extranet VPN）和远程访问 VPN（Access VPN）。

（1）Intranet VPN，又称为内联网 VPN，它是企业的总部与分支机构之间通过公用网络构建的 VPN。这是一种网络到网络的以对等方式连接起来的 VPN。Intranet VPN 的安全性取决于两个 VPN 服务器之间的加密和验证手段。图 8-17 所示为一个典型的 Intranet VPN。

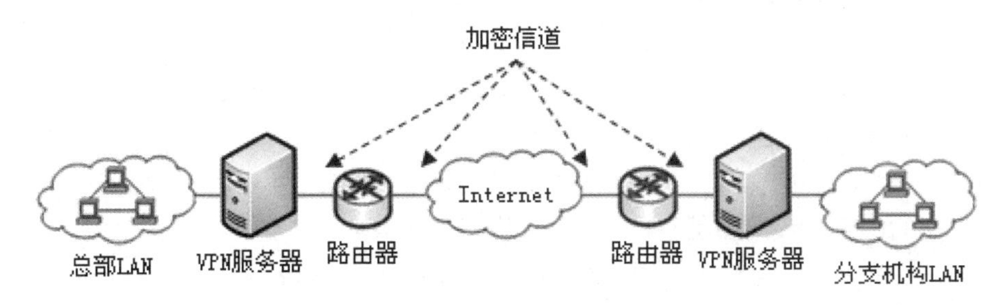

图 8-17　Intranet VPN

（2）Extranet VPN，又称为外联网 VPN，它是企业间发生收购、兼并或企业间建立战略联盟后，不同企业网通过公用网络来构建的 VPN，如图 8-18 所示。Extranet VPN 能保证包括 TCP 和 UDP 服务在内的各种应用服务的安全，如 HTTP、FTP、E-mail、数据库的安全，以及一些应用程序，如 Java、ActiveX 的安全等。

通常把 Intranet VPN 和 Extranet VPN 统一称为专线 VPN。

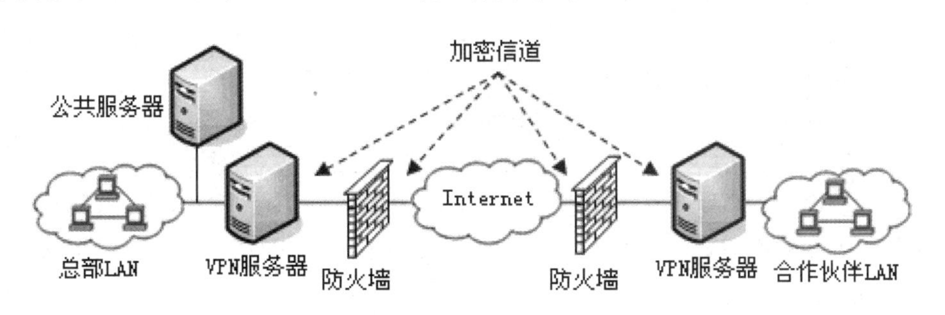

图 8-18　Extranet VPN

（3）Access VPN，又称为拨号 VPN，是指企业员工或企业的小分支机构通过公用网络远程拨号的方式构建的 VPN。典型的 Access VPN 是用户通过本地的 Internet 服务提供商（ISP）登录到 Internet 上，并在现有的办公室和公司内部网之间建立一条加密信道，如图 8-19 所示。

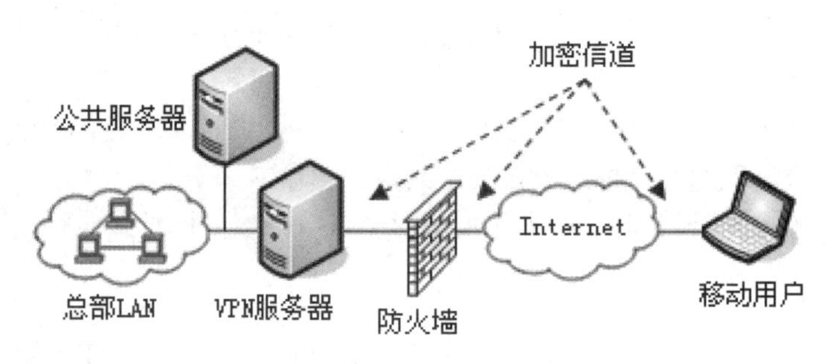

图 8-19　Access VPN

公司往往制定一种“透明的访问策略”，即使是在远处的员工，也能像坐在公司总部的办公室一样自由地访问公司的资源。为方便公司员工的使用，Access VPN 的客户机应尽量简单，同时考虑使用加密、身份认证等方法。

5. VPN 的关键技术

目前，VPN 主要采用 4 项关键技术来保证安全，这 4 项关键技术分别是隧道技术（Tunneling）、加解密技术、密钥管理技术、用户与设备身份认证技术。

（1）隧道技术。VPN 在公用网络中形成企业专用的链路，为了形成这样的链路，采用了隧道技术。隧道技术是 VPN 的基本技术，它是数据包封装的技术，可以模仿点对点连接技术，依靠 Internet 服务提供商（ISP）和其他的网络服务提供商（NSP）在公用网络中建立自己专用的“隧道”，让数据包通过这条隧道进行传输。

隧道技术是一种通过使用互联网络的基础设施在网络之间传输数据的方法。使用隧道传输的数据可以是其他协议的数据帧或数据包。隧道协议首先将其他协议的数据帧或数据包重新封装到一个新的数据包的数据体中，然后通过隧道发送。新的数据包的包头提供路由信息，以便通过 Internet 传输被封装的负载数据。当新的数据包到达隧道终点时，该数据包被解封装。

（2）加解密技术。发送方在发送数据之前对数据进行加密，当数据到达接收方时由接收方对数据进行解密。加密算法主要包括对称加密（单钥加密）算法和不对称加密（双钥加密）算法。对于对称加密算法，通信双方共享一个密钥，发送方使用该密钥将明文加密成密文，接收方使用相同的密钥将密文还原成明文。对称加密算法的运算速度较快。

对于不对称加密算法，通信双方各使用两个不同的密钥，一个是只有发送方自己知道的密钥（私钥），另一个则是与之对应的可以公开的密钥（公钥）。在通信过程中，发送方用接收方的公钥加密数据，并且可以用自己的私钥对数据的某一部分或全部加密，进行数字签名。接收方接收到加密数据后，用自己的私钥解密数据，并使用发送方的公钥解密数字签名，验证发送方身份。

（3）密钥管理技术。密钥管理技术的主要任务是使密钥在公用网络上安全地传输而不被窃取。现行密钥管理技术可分为 SKIP 与 ISAKMP/Oakley 两种。

SKIP 主要利用 Diffie-Hellman 的演算法则在网络上传输密钥；在 ISAKMP 中，双方都有两个密钥，分别作为公钥和私钥。

（4）用户与设备身份认证技术。在用户与设备身份认证技术中，常用的是用户名 / 密码、智能卡认证等认证技术。

6. VPN 隧道协议

VPN 隧道协议主要分为第二层隧道协议、第三层隧道协议。它们的本质区别在于用户的数据被封装在不同层的数据包中在隧道里传输。第二层隧道协议先把各种网络协议封装到 PPP（点对点协议）中，再把整个数据包装入隧道协议中。这种双层封装方法形成的数据包依靠第二层隧道协议进行传输。第二层隧道协议有 PPTP、L2F、L2TP 等。第三层隧道协议把各种网络协议直接装入隧道协议中，形成的数据包依靠第三层隧道协议进行传输。第三层隧道协议有 IPSec、GRE 等。

（1）PPTP（点到点隧道协议）。PPTP 是由微软公司设计的，用于将 PPP 分组通过 IP 网络进行封装传输。设计 PPTP 的目的是满足公司内部员工异地办公的需要。PPTP 定义了一种 PPP 分组的封装机制，它使用扩展的 GRE 进行封装，使 PPP 分组在 IP 网络上进行传输。PPTP 在逻辑上延伸了 PPP 会话，从而形成了虚拟的远程拨号。

（2）L2F（第二层转发）。L2F 是由 Cisco 公司提出的，可以在多种公用网络设施（如 ATM、帧中继、IP 网络）上建立多协议的安全 VPN。L2F 将数据链路层的协议（如 PPP、HDLC 等）封装起来传输，因此网络的数据链路层协议完全独立于用户的数据链路层协议。

（3）L2TP（第二层隧道协议）。L2TP 结合了 PPTP 和 L2F 的优点，以便扩展功能。其格式基于 L2F，信令基于 PPTP。这种协议几乎能实现 PPTP 和 L2F 所能实现的所有服务，并且更加强大、灵活。L2TP 定义了利用公用网络设施（如 ATM、帧中继、IP 网络）封装传输数据链路层 PPP 帧的方法。

（4）IPSec（IP 安全）。IPSec 是在网络层提供通信安全的一组协议。在 IPSec 协议族中，有两个主要的协议：认证报头（Authentication Header，AH）协议和封装安全负载（Encapsulating Security Payload，ESP）协议。

对于 AH 协议和 ESP 协议，源主机在向目的主机发送安全数据报文之前，源主机和目的主机进行握手，并建立一个网络层逻辑连接，这个逻辑连接称为安全关联（Security Association，SA）。SA 是两个端点之间的单向连接，它有一个与之关联的安全标识符。如果需要使用双向的安全通信，则要求使用两个 SA。

① AH 协议：在发送数据报文时，AH 报头被插在原有 IP 报头和 TCP 报头之间。在 IP 报头的协议类型字段，值 51 用来表明数据报文包含 AH 报头。当目的主机接收到带有 AH 报头的 IP 数据报文后，它确定数据报文的 SA，并验证数据报文的完整性。AH 协议提供了身份认证和数据完整性校验功能，但是没有提供数据加密功能。

② ESP 协议：采用 ESP 协议，源主机可以向目的主机发送安全数据报文。安全数据报文用 ESP 报头和 ESP 报尾来封装原来的 IP 数据报文，将封装后的数据报文插入一个新 IP 数据报文的数据段。对于这个新 IP 数据报文的报头中的协议类型字段，用值 50 来表明数据报文包含 ESP 报头和 ESP 报尾。ESP 协议提供了身份认证、数据完整性校验和数据加密功能。

IPSec 的使用格式主要有以下两种。

① IP 报头 + AH 报头 + TCP 或 UDP 数据段。

② IP 报头 + ESP 报头 + TCP 或 UDP 数据段 + ESP 报尾 + ESP 认证。

（5）GRE（General Routing Encapsulation，通用路由封装）。GRE 规定了用一种网络层协议去封装另一种网络层协议的方法。GRE 的隧道由两端的源 IP 地址和目的 IP 地址来定义。GRE 只提供了数据包的封装功能，它并没有加密功能来防止网络侦听和攻击。因此，在实际环境中，GRE 常和 IPSec 一起使用，由 IPSec 提供用户数据的加密，从而给用户提供更好的安全性。

8.1.4 Web 应用安全

1. Web 应用体系架构

Web 应用体系架构由 Web 客户机、传输网络、Web 服务器、Web 应用程序、数据库等组成，如图 8-20 所示。

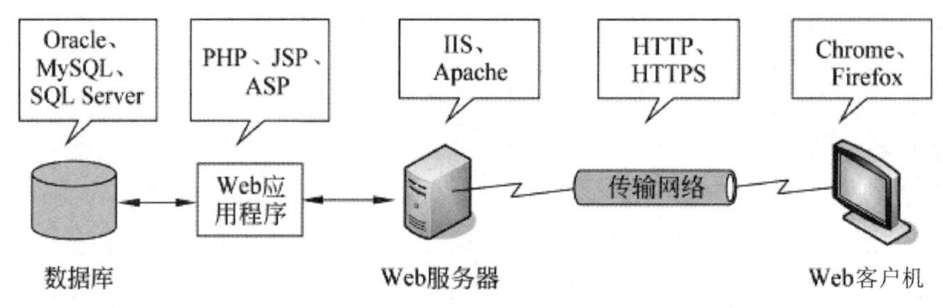

图 8-20 Web 应用体系架构

万维网以浏览器 / 服务器（Browser/Server，B/S）方式工作。Web 客户机的常用浏览器有 Chrome、Firefox 等，常用的 Web 服务器软件主要有 IIS、Apache 等，Web 应用程序一般使用 PHP、JSP、ASP 等语言开发，数据库主要使用 Oracle、MySQL、SQL Server 等。

Web 客户机通过 HTTP 或 HTTPS 向 Web 服务器发出资源访问请求，Web 服务器对这些请求执行一些基本的解析处理操作后，将其传给 Web 应用程序进行业务处理，Web 应用程序在进行业务处理时，可能需要向数据库查询或存储相关数据。当 Web 应用程序处理完成并返回响应结果时，Web 服务器将响应结果返回给 Web 客户机，在浏览器上进行本地执行、展示和渲染。

2. Web 应用的安全威胁

针对 Web 应用体系架构的组成部分，Web 应用的安全威胁主要集中在以下 4 个方面。

（1）针对 Web 服务器软件的安全威胁。IIS 等流行的 Web 服务器软件都存在一些安全漏洞，黑客可以利用这些漏洞对 Web 服务器进行入侵渗透。

（2）针对 Web 应用程序的安全威胁。开发人员在使用 PHP、JSP、ASP 等语言开发 Web 应用程序时，由于缺乏安全意识或编程习惯不良等原因，因此开发出来的 Web 应用程序存在安全漏洞，从而容易被黑客利用。典型的安全威胁有 SQL 注入攻击、XSS 跨站脚本攻击等。

（3）针对传输网络的安全威胁。该类威胁包括针对 HTTP 明文传输协议的网络监听，网络层、传输层和应用层存在的假冒身份攻击、传输层的拒绝服务攻击等。

（4）针对浏览器和终端用户的 Web 浏览安全威胁。该类威胁主要包括网页挂马、网站钓鱼、浏览器劫持、Cookie 欺骗等。

3. Web 传输的安全

Web 网站和浏览器之间的数据是通过传输网络传输的，但由于明文传输、运行众所周知的默认 TCP 端口等原因，Web 传输很容易受到各种网络攻击。

对 Web 传输的主要安全威胁包括针对 HTTP 明文传输协议的网络监听、假冒身份攻击、拒绝服务攻击等。针对这些安全威胁，可以采用的提升 Web 传输安全的措施主要有以下 3 个。

（1）启用 SSL，使用 HTTPS 来保障 Web 网站传输时的保密性、完整性和身份真实性。

（2）通过加密的连接通道来管理 Web 网站，尽量避免使用未经加密的 Telnet、FTP、HTTP 等协议来进行 Web 网站的后台管理，而是使用 SSH、SFTP 等安全协议。

（3）采用静态绑定 MAC 地址、在服务网段内进行 ARP 等攻击行为的检测、在网关位置部署防火墙和入侵检测系统等检测和防护手段，应对拒绝服务攻击。

4. Web 浏览器的安全

在 Internet 上，Web 浏览器安全级别的高低是以用户通过浏览器发送数据和浏览访问本地资源的能力高低来区分的。安全和灵活是一对矛盾，高的安全级别必然带来灵活性的下降和功能的限制。

安全是和对象相关的。一般可以认为，小组里十分可信的站点（如办公室的软件服务器）的数据和程序是比较安全的；公司 Intranet 站点上的数据和程序是中等安全的；而 Internet 上的大多数访问是相当不安全的。

Cookie 是持续保存状态信息和其他信息的一种方式，目前大多数的浏览器都支持 Cookie。Cookie 是当用户浏览某网站时，网站存储在用户计算机上的一个小文本文件（1 ～ 4KB），它记录了用户的 ID、密码、浏览过的网页、停留的时间等信息，当用户再次访问该网站时，网站通过读取 Cookie，得知用户的相关信息，就可以做出相应的动作，如在页面显示欢迎用户的标语，或者让用户不用输入 ID、密码就能直接登录等。Cookie 的存在对个人隐私是一种潜在的威胁。

5. SSL/TLS 协议

在网络上进行明文传输可能带来的风险包括：①信息窃听风险，第三方可以获取通信内容；②信息篡改风险，第三方可以篡改通信内容；③身份冒充风险，第三方可以冒充他人身份参与通信。传输层安全（Transport Layer Security,TLS）协议及其前身安全套接层（Security Socket Layer，SSL）协议是安全协议，目的是为 Internet 通信提供安全及数据完整性保障。

SSL 协议和 TLS 协议都是为通信安全而研发的。SSL/TLS 协议主要用于使用超文本传输安全协议（Hypertext Transfer Protocol Secure，HTTPS）的通信中，为使用 HTTPS 的通信提供保护。SSL 协议主要用于解决 HTTP 明文传输的问题。由于 SSL 协议应用广泛，已经成为 Internet 上的事实标准，因此在 1999 年，IETF 把 SSL 协议标准化并重命名为 TLS 协议。可以认为，TLS 协议是 SSL 协议的升级版。

TLS 协议使用以下 3 种机制为通信提供安全传输。

① 保密性：所有数据都通过加密后进行传输。

② 身份认证：通过数字证书进行身份认证。

③ 完整性：通过校验数据完整性维护一个可靠的安全连接。

TLS 协议在实现上分为记录层和握手层，其中握手层包含 4 个子协议：握手协议（Handshake Protocol）、更改加密规范协议（Change Cipher Spec Protocol）、警告协议（Alert Protocol）和应用数据协议（Application Data Protocol），如图 8-21 所示。

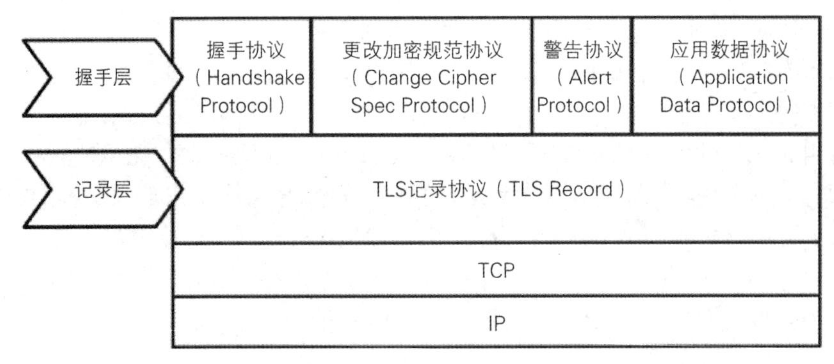

图 8-21　TLS 协议体系结构

（1）握手层。握手层中的握手协议使得服务器和客户机能够相互认证对方的身份，协商加密算法和消息认证码（Message Authentication Code，MAC）算法，以及用来保护 TLS 记录中发送的数据的加密密钥。在这一过程中，客户机和服务器之间需要交换大量信息。TLS 支持众多加密、散列和签名算法，这使得服务器在选择算法时有很大的灵活性，这样可以从以往的算法、进出口限制或最新开发的算法中进行选择，具体选择什么样的算法，双方可以在建立协议会话之初进行协商。

更改加密规范协议用于密码切换同步。对于警告协议，当发生错误时使用该协议通知通信对方，如握手过程中发生异常、消息认证码错误、数据无法解压缩等。应用数据协议是通信双方真正进行应用数据传输的协议，通过 TLS 应用数据协议和 TLS 记录协议来进行传输。

（2）记录层。记录层中的 TLS 记录协议负责在传输连接上交换所有底层消息，并且可以配置加密。每一条 TLS 记录以一个短的标头开始。标头包含记录内容的类型（或子协议）、版本和长度。原始消息经过分段（或合并）、压缩、添加消息认证码、加密，转为 TLS 记录的数据部分。TLS 记录协议的工作过程如图 8-22 所示。

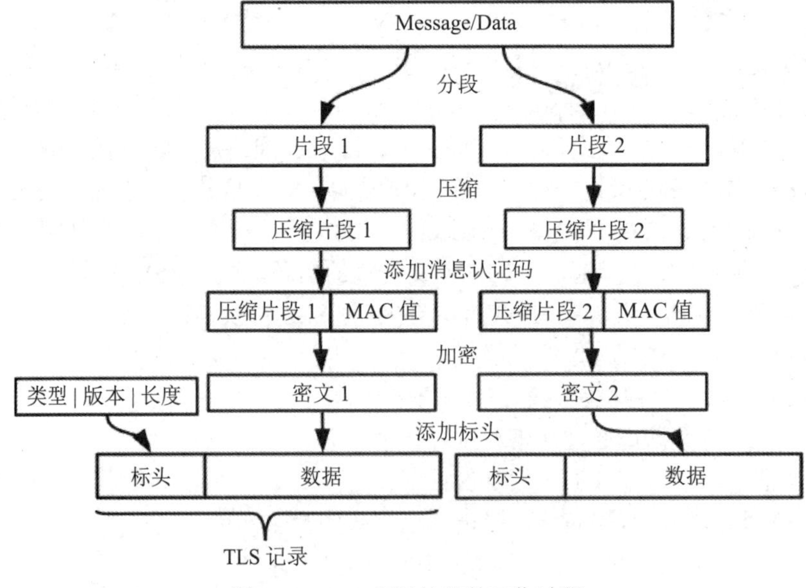

图 8-22　TLS 记录协议的工作过程

6. SQL 注入

随着 B/S 模式应用开发的发展，使用这种模式编写应用程序的程序员越来越多。但是由于这个行业的入门门槛不高，程序员的水平及经验参差不齐，相当多的一部分程序员在编写代码时，没有对用户输入的数据进行合法性检查，因此应用程序存在安全隐患。用户可以提交一段数据库查询代码，根据程序返回的结果，获得某些想得知的数据，这就是所谓的 SQL Injection，即 SQL 注入。

SQL 注入攻击的危害性较大，注入攻击成功后，网站后台管理账户名和密码可被黑客获取，利用该账户登录后台管理系统后，黑客可任意篡改网站数据或导致数据的严重泄密。因此，在一定程度上，SQL 注入攻击的安全风险高于其他漏洞。目前，SQL 注入攻击已成为对网站攻击的主要手段之一。

SQL 注入是从正常的 WWW 端口（通常是 HTTP 的 80 端口）访问的，表面上看起来和一般的 Web 页面访问没有什么区别，所以目前一般的防火墙都不会对 SQL 注入发出警报或进行拦截。SQL 注入攻击具有一定的隐蔽性，如果注入攻击成功后，黑客并不着急破坏或修改网站数据，管理员又没有查看 IIS 日志的习惯，则可能被入侵很长时间了都不会发觉。

在 Web 应用程序的登录验证程序中，一般有 username（用户名）和 password（密码）两个参数，程序会通过用户提交的用户名和密码来执行授权操作。其原理是通过查询 users 表中的用户名和密码的结果来进行授权访问，典型的 SQL 查询语句为

```
Select * from users where username='admin' and password='smith'
```

如果输入的用户名为 admin' or '1'='1，输入的密码为 abc' or '1'='1，那么 SQL 查询语句变为

```
Select * from users where username='admin' or '1'='1' and password='abc' or '1'='1'
```

由于'1'='1'恒为真，加上或（or）逻辑的运算作用，该条件恒为真，因此用户身份认证通过，可成功进入后台系统，系统安全被攻破。

解决的方法是对用户的输入进行合法性检查，如过滤掉非法字符“‘”，或者逐个字段进行比较。

实现 SQL 注入的基本思路是：首先，判断环境，寻找注入点，判断网站后台数据库类型；其次，根据注入参数类型，在脑海中重构 SQL 语句的原貌，从而猜测数据库中的表名和列名（字段名）；最后，在表名和列名猜解成功后，使用 SQL 语句，得出字段的值。当然，这里可能需要一些运气。如果能获得管理员的账户名和密码，就可以实现对网站的管理。

为了提高注入效率，目前网络上已经有很多注入工具可以使用。

SQL 注入攻击的防范可以采用以下 4 种方法。

（1）最小权限原则，如非必要，不要使用 sa、dbo 等权限较高的账户。

（2）对用户的输入进行严格的检查，过滤掉一些特殊字符，强制约束数据类型，约束输入长度等。

（3）使用存储过程代替简单的 SQL 语句。

（4）当 SQL 语句运行出错时，不要把全部的出错信息显示给用户，以免泄露一些数据库的信息。

7. XSS 攻击

XSS 攻击被称为跨站脚本攻击（Cross Site Scripting），因为和 CSS（Cascading Style Sheets，

层叠样式表）重名，所以改为 XSS。XSS 主要基于 JavaScript 语言完成恶意的攻击行为，因为使用 JavaScript 语言可以非常灵活地操作 HTML、CSS 和浏览器。

（1）XSS 攻击简介。

XSS 攻击通过利用网页开发时留下的漏洞（Web 应用程序对用户的输入过滤不足），巧妙地将恶意代码注入网页中，使用户浏览器加载并执行黑客制造的恶意代码，以达到攻击的效果。这些恶意代码通常是 JavaScript，但实际上可以包括 Java、VBScript、ActiveX、Flash，或者普通的 HTML。

用户最简单的动作就是使用浏览器上网，并且浏览器中有 JavaScript 解析器，可以解析 JavaScript 代码，然而浏览器不会判断代码是否有恶意，只要代码符合语法规则，浏览器就会解析这段代码并执行。XSS 攻击的对象是用户的浏览器，这种攻击属于被动攻击。

微博、留言板、聊天室等收集用户输入的地方，都有遭受 XSS 攻击的风险。只要对用户的输入没有进行严格的过滤，就有可能遭受 XSS 攻击，XSS 攻击如图 8-23 所示。

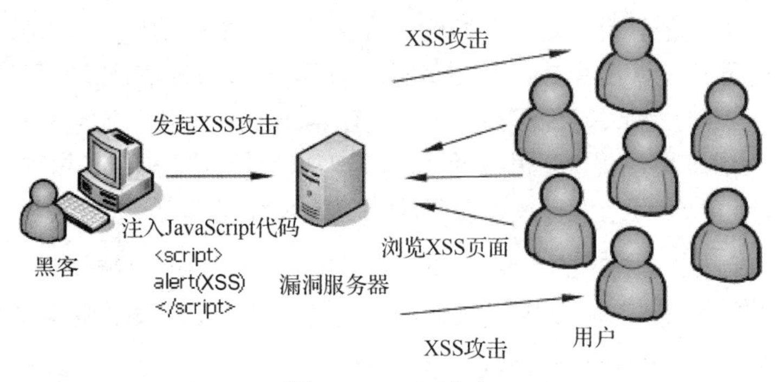

图 8-23　XSS 攻击

实施 XSS 攻击需要具备两个条件。

① 需要向 Web 页面注入精心构造的恶意代码。

② 对用户的输入没有进行过滤，恶意代码能够被浏览器成功执行。

（2）XSS 攻击的分类。

XSS 攻击根据其特性和利用手法的不同，主要分为 3 种：反射型 XSS 攻击、存储型 XSS 攻击和 DOM 型 XSS 攻击。

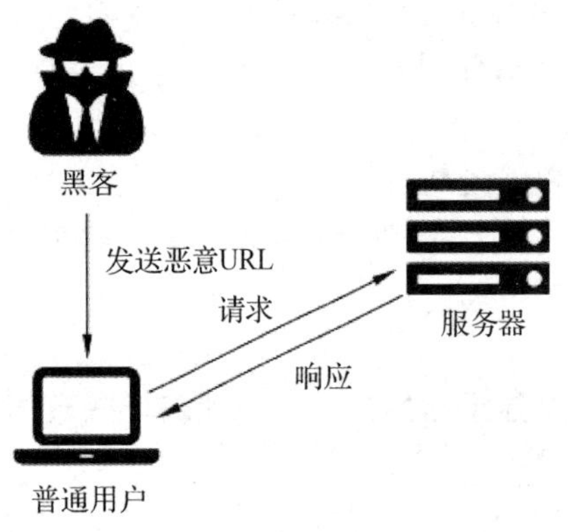

图 8-24　反射型 XSS 攻击

① 反射型 XSS 攻击。反射型 XSS 攻击又称为非持久型 XSS 攻击，是现在最容易出现的一种 XSS 攻击。用户在请求某个 URL 地址的时候，会携带一部分数据。当客户机访问某条链接时，黑客可以将恶意代码植入 URL，如果服务器未对 URL 携带的参数进行判断或过滤处理，直接返回响应页面，那么 XSS 攻击代码就会一起被传输到用户的浏览器，从而触发反射型 XSS 攻击。反射型 XSS 攻击如图 8-24 所示。

例如，当用户进行搜索时，返回结果通常会包含用户原始的搜索内容，如果黑客精心构造包含 XSS 恶意代码的链接，诱导用户单击并成功执行后，那么用户的信息就可以被窃取，黑客甚至可以模拟用户进行一些操作。典型的反射型XSS攻击代码如图8-25

所示。

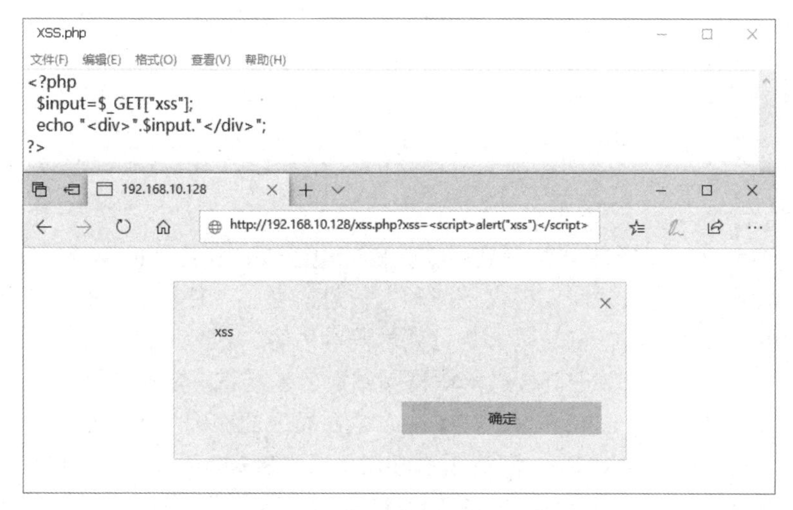

图 8-25　典型的反射型 XSS 攻击代码

② 存储型 XSS 攻击。存储型 XSS 攻击又称持久型 XSS 攻击，它的危害性较大。存储型 XSS 攻击代码被持久保存在服务器中，然后被显示到 HTML 页面上。存储型 XSS 攻击经常出现在用户评论的页面上，黑客精心构造 XSS 攻击代码，保存到数据库中，当其他用户再次访问这个页面时，就会触发并执行恶意的 XSS 攻击代码，从而窃取用户的敏感信息。存储型 XSS 攻击如图 8-26 所示。

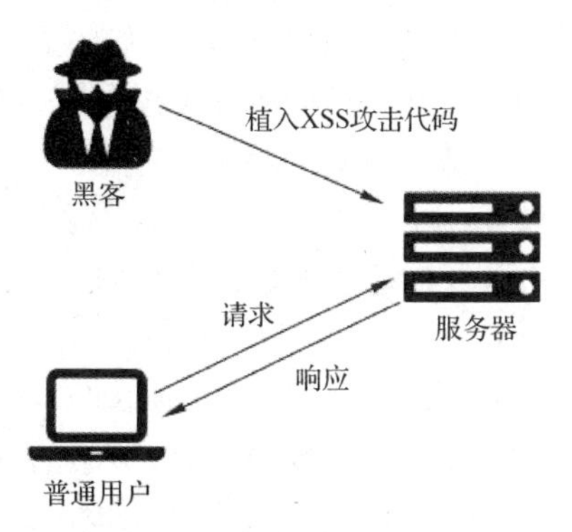

图 8-26　存储型 XSS 攻击

③ DOM 型 XSS 攻击。DOM 型 XSS 攻击是基于文档对象模型（Document Object Model，DOM）的一种攻击，这种 XSS 攻击与反射型 XSS 攻击、存储型 XSS 攻击在原理上有本质区别，它的攻击代码并不需要服务器解析响应，触发 XSS 攻击靠的是浏览器的 DOM 解析。客户机上的 JavaScript 脚本可以访问浏览器的 DOM 并修改页面的内容，不依赖于服务器的数据，直接从浏览器上获取数据并执行。当客户机直接输出 DOM 内容的时候，极易触发 DOM 型 XSS 攻击，如 document.getElementById("x").innerHTML、document.write 等。

XSS 攻击是 Web 应用程序未对用户输入的数据进行严格的过滤和验证所导致的，其最终攻击目标是使用 Web 应用程序的用户，危害的是客户机的安全。可从服务器和客户机两个方面来防范 XSS 攻击。

① 在服务器方面，如果 Web 应用程序将用户提交的数据复制到响应页面中，则必须对

用户提交数据的长度、类型、是否包含转义等非法字符、是否包含 HTML 与 JavaScript 的关键标签符号等进行严格的检查和过滤，同时对输出内容进行 HTML 编码，以净化可能的恶意字符。

② 在客户机方面，由于跨站脚本最终是在客户机浏览器上执行的，因此必须提升浏览器的安全设置（如提升安全等级、关闭 Cookie 功能等），以降低安全风险。

8. 网络钓鱼

网络钓鱼（Phishing）是指诈骗者利用欺骗性的电子邮件和伪造的 Web 网站（钓鱼网站）来进行网络诈骗活动，诱骗访问者提供一些私人信息，受骗者往往会泄露自己的私人资料，如用户名、信用卡号码、银行卡号码、身份证号码等内容。钓鱼网站是一个以假乱真的假冒网站，欺骗用户上当，用户单击链接进入假冒网站后，木马程序趁机植入用户的计算机。

“钓鱼”一词，是由“Fishing”和“Phone”组合而成的，因为黑客始祖起初是用电话作案的，所以用“Ph”来取代“F”，创造了“Phishing”，Phishing 发音与 Fishing 相同。网络钓鱼就其本身来说，称不上是一种独立的攻击手段，更多的只是诈骗方法，就像现实社会中的一些诈骗一样。

曾出现过的某假冒银行网站，网址为 http://www.1cbc.com.cn，而真正银行网站是 http://www.icbc.com.cn，犯罪分子利用数字 1 和字母 i 非常相近的特点企图蒙蔽粗心的用户。

针对网络钓鱼的威胁，主要有以下几个防范技巧。

① 直接输入域名，避免直接单击不法分子提供的相似域名。

② 不要打开陌生人的电子邮件，这很有可能是别有用心者精心营造的。

③ 不要直接用键盘输入密码，而是改用软键盘。

④ 安装杀毒软件并及时升级病毒知识库和操作系统补丁，尤其是反“钓鱼”的安全工具。

⑤ 针对银行账号，要利用数字证书来对交易进行加密。

⑥ 在登录银行网站前，要留意浏览器地址栏，如果发现网页地址不能修改，最小化浏览器窗口后仍可看到浮在桌面上的网页地址等现象，要立即关闭浏览器窗口，以免账号密码等被盗。

在网上购物时需要提高警惕，不要轻信交易对方以低价或其他理由发送的站外商品页面、付款页面，妥善保管好自己的网络账号和密码，经常升级防病毒软件，提高计算机的安全性。此外，当通过第三方支付平台进行交易时，安装必要的数字证书和安全控件，这样可充分保障用户的账户与资金免受木马和网络钓鱼的威胁。

8.1.5 蜜罐技术

近些年出现了一种主动吸引黑客入侵计算机的诱骗技术——蜜罐（Honeypot）技术，属于主动安全防护技术。这种技术对黑客在蜜罐系统中的攻击行为进行追踪和分析，寻找应对措施。

按照美国著名安全专家 L. Spizner 的定义，蜜罐是一种其价值在于被探测、攻击、破坏的系统，即蜜罐是一种可监视、观察黑客行为的系统。蜜罐不直接提高计算机网络的安全性，但蜜罐通过伪装，使黑客在进入目标系统后，不知道自己的行为已处在监控之中。按照现在的定义，蜜罐是为吸引并诱骗那些试图非法入侵计算机的人而设计的，是一个包含漏洞的诱骗系统。它模拟一台或多台易受攻击的主机，给黑客提供一个容易攻击的目标。

蜜罐系统为了吸引黑客攻击，常常有意在系统中留下一些后门，或者放置黑客希望得到的一些敏感信息（当然这些信息都是假信息），让黑客上当。这些主机表面上看很脆弱，易受攻击，但实际上不包含任何敏感数据，也没有合法用户和通信，能够让黑客在其中暴露无遗。设置蜜罐主要有两个目的：一是在未被黑客察觉的情况下监视其活动，收集与黑客有关的信息；二是牵制黑客，让他们把时间和资源都耗费在攻击蜜罐上，使真正的工作网络得到保护。

8.1.6　计算机病毒与防护

计算机病毒是指编制或在计算机程序中插入的破坏计算机功能或毁坏数据，影响计算机使用，并且能够自我复制的一组计算机指令或程序代码。

病毒的产生过程为程序设计→传播→潜伏→触发和运行→实行攻击。

1. 病毒的种类

计算机病毒通常可分为以下 7 类。

① 文件型病毒。这种病毒通过在程序执行进程中插入指令把自己依附在可执行文件(.com 文件和 .exe 文件）上。

② 引导型病毒。这种病毒会在软盘或硬盘的引导区、主引导记录（MBR）中插入指令。此时，如果计算机从被感染的硬盘引导启动，就会感染病毒，并把病毒代码调入内存。

③ 混合型病毒。这种病毒具有引导型和文件型两种病毒的特性，不但能感染和破坏硬盘的引导区，而且能感染和破坏文件。

④ 宏病毒。宏病毒是一种寄存在文档或模板的宏中的计算机病毒。

⑤ 特洛伊木马。特洛伊木马是一种看似正当的程序，但它在程序执行时会进行一些恶性及不正当的活动。

⑥ 蠕虫。蠕虫是一种能自行复制和经由网络扩散的程序。它与其他计算机病毒有些不同，蠕虫专注于利用网络来扩散病毒。

⑦ 勒索病毒。勒索病毒属于木马家族中的特殊类型。勒索病毒一旦感染计算机后，就会企图控制计算机。例如，它会搜索有特定扩展名的重要文件，如 .txt、.docx、.pptx、.jpg 等文件，之后使用加密算法对计算机上的文件进行加密或锁定计算机屏幕，这导致用户无法正常访问他们的文件或计算机。此外，勒索病毒还会通过威胁性文字恐吓用户，如果用户想要解锁计算机或恢复被加密的文件，则需要向黑客支付相应的“赎金”。

2. 病毒的特点

计算机病毒的特点主要有传染性、隐蔽性、潜伏性、触发性、破坏性和不可预见性。

① 传染性。计算机病毒会通过各种媒介从已被感染的计算机扩散到未被感染的计算机。

② 隐蔽性。不经过程序代码分析或计算机病毒代码扫描，计算机病毒程序与正常程序是不容易区分的。

③ 潜伏性。计算机病毒具有依附其他媒介寄生的能力，它可以在硬盘、光盘或其他媒介上潜伏几天，甚至几年。当不满足触发条件时，病毒除感染其他文件外不进行破坏；触发条件一旦得到满足，病毒就四处繁殖、扩散、破坏。

④ 触发性。计算机病毒发作往往需要一个触发条件，其可能是计算机系统时钟、病毒体自带计数器、计算机内执行的某些特定操作等。

⑤ 破坏性。当满足触发条件时，病毒在被感染的计算机上开始发作。根据病毒的危害性不同，病毒发作时表现出来的症状和破坏性可能有很大差别。

⑥ 不可预见性。病毒相对于杀毒软件永远是超前的，从理论上讲，没有任何杀毒软件可以杀除所有的病毒。

3. 反病毒技术

在与病毒的对抗中，及早发现病毒是很重要的。早发现、早处置，可以减少损失。检测病毒的方法有特征代码法、校验和法、行为监测法、软件模拟法、比较法、传染实验法等，这些方法依据的原理不同，实现时所需开销不同，检测范围不同，各有所长。

（1）特征代码法。特征代码法是检测已知病毒的最简单、开销最小的方法。其原理是采集所有已知病毒的特征代码，并将这些病毒独有的特征代码存放在一个病毒资料库（病毒库）中。当检测时，以扫描的方式将待检测文件与病毒库中的病毒特征代码进行一一对比，如果发现有相同的特征代码，由于特征代码与病毒一一对应，便可以断定，被查文件中感染何种病毒。

特征代码法的优点是检测准确快速、可识别病毒的名称、误报率低、依据检测结果可进行解毒处理。特征代码法对从未见过的新病毒，自然无法知道其特征代码，因而无法去检测这些新病毒。随着已知病毒数量的不断增加，病毒库将越来越大，病毒扫描速度将越来越慢。

（2）校验和法。校验和法根据正常文件的内容计算其校验和，将该校验和写入文件中或写入别的文件中保存。在文件使用过程中，定期地或每次使用文件前，检查文件现在内容算出的校验和与原来保存的校验和是否一致，以此来发现文件是否感染病毒。采用校验和法检测病毒既可发现已知病毒，又可发现未知病毒，但是它不能识别病毒种类，更不能报出病毒名称。由于病毒感染并非文件内容改变的唯一原因，文件内容改变有可能是正常程序引起的，因此校验和法常常误报。

（3）行为监测法。利用病毒的特有行为特征来监测病毒的方法，称为行为监测法。通过对病毒多年的观察、研究，人们发现有一些行为是病毒的共同行为，而且比较特殊。当程序运行时，监视其行为，如果发现了病毒行为，则立即报警。

（4）软件模拟法。软件模拟法使用一种软件分析器，用软件方法来模拟和分析程序的运行，之后演绎为虚拟机上进行的查毒技术，如启发式查毒技术等，是相对成熟的技术。新型检测工具纳入了软件模拟法，该类工具在开始运行时，使用特征代码法检测病毒，如果发现有隐蔽性病毒或多态性病毒（采用特殊加密技术编写的病毒）嫌疑，则启动软件模拟模块，监视病毒的运行，待病毒自身的密码译码以后，运用特征代码法来识别病毒的种类。

多态性病毒每次感染都变化其病毒密码，对付这种病毒，特征代码法失效。因为多态性病毒代码实施密码化，而且每次所用密码不同，即使把染毒的代码相互比较，也无法找出相同的可能作为特征的稳定代码。虽然行为监测法可以检测多态性病毒，但是在检测出病毒后，因为不知病毒的种类，所以难以进行“消毒”处理。

（5）比较法。比较法用原始的或正常的文件与被检测的文件进行比较。比较法包括长度比较法、内容比较法、内存比较法、中断比较法等。比较法不需要专用的检测病毒程序，只要用常规 DOS 软件和 PCTools 等工具软件就可以进行。

（6）传染实验法。这种方法利用了病毒的最重要的基本特征——传染性。所有的病毒都会进行传染，如果不会传染，就称不上病毒。如果系统中有异常行为，当最新版的检测工具也查不出病毒时，就可以做传染实验，运行可疑系统中的程序后，再运行一些确切知道不带毒的正常程序，然后观察这些正常程序的长度和校验和，如果发现有的程序长度增长，或者校验和发生变化，就可断定系统中有病毒。

现在的杀毒软件一般利用以上的一种或几种手段进行检测，严格地说，由于病毒编制技术在不断提高，想绝对地检测或预防病毒目前还没有完全的把握。

到目前为止，反病毒软件已经经历了如下 4 个阶段。

① 第一代反病毒软件采取单纯的特征码检测技术，将病毒从染毒文件中清除。这种方法准确可靠。但后来病毒采取了多态、变形等加密技术，这种简单的静态扫描技术就有些力不从心了。

② 第二代反病毒软件采用了一般的启发式扫描技术、特征码检测技术和行为监测技术，加入了病毒防火墙，实时对病毒进行动态监控。

③ 第三代反病毒软件在第二代反病毒软件的基础上采用了虚拟机技术，具有了全面实现防、查、杀等反病毒所必备的能力，并且以驻留内存的形式有效防止病毒的入侵。

④ 第四代反病毒软件在第三代反病毒软件的基础上，结合人工智能技术，实现启发式、动态、智能的查杀技术。它采用了 CRC 校验和扫描机理、启发式智能代码分析模块、动态数据还原模块（这种技术能在一定程度上查杀加壳伪装后的病毒）、内存杀毒模块、自身免疫模块（防止自身染毒，防止自身被病毒强行关闭）等先进技术，较好地克服了前几代反病毒软件的缺点。

8.2 同步练习

8.2.1 判断题

1．防火墙不能防范病毒和内部驱动的木马。（　　）

2．一般的入侵检测系统和杀毒软件一样，需要定时更新攻击特征库。（　　）

3．入侵检测系统可以分为主机入侵检测系统和网络入侵检测系统。（　　）

4．在入侵检测系统中，误报是指把正常的信息交换过程或网络资源访问过程作为攻击过程予以反制和报警的情况。（　　）

5．VPN 指的是用户自己租用的线路，与公用网络在物理上完全隔离的、安全的线路。（　　）

6．VPN 指的是用户通过公用网络建立的临时的、安全的连接。（　　）

7．VPN 不能做到信息验证和身份认证。（　　）

8．IPSec 不是一个单独的协议，而是由一组安全协议组成的，包括两个安全通信协议 AH 和 ESP，以及一个密钥交换管理协议 IKE。（　　）

9．蜜罐技术本质上是一种对攻击方进行欺骗的技术。（　　）

10．蜜罐技术通过布置一些作为诱饵的主机、网络服务或信息，诱使攻击方对它们实施攻击，从而可以对攻击行为进行捕获和分析，了解攻击方所使用的工具与方法，推测攻击意图和动机。（　　）

11．一个完善的网络备份应包括硬件级物理容错和软件级数据备份，并且能够自动地跨越整个系统网络平台。（　　）

8.2.2 选择题

1．公司的边界网络防火墙一般位于（　　）。

A．公司网络内部　　B．公司网络外部

C．公司网络与外部网络之间　　D．都不对

2．关于应用层网关，以下描述错误的是（　　）。

A．针对特定应用层协议

B．防御针对特定应用的攻击行为

C．工作在透明模式或代理模式

D．是一个集成在应用服务器中的软件模块

3．（　　）不是网络入侵检测系统的反制动作。

A．确定并隔离攻击源　　B．报警和登记

C．释放 TCP 连接　　D．丢弃 IP 分组

4．关于入侵检测机制，以下描述错误的是（　　）。

A．检测某些字段取值是否超出正常范围

B．检测流量分布是否和正常访问过程相似

C．检测信息中是否包含攻击特征

D．检测信息在传输过程中是否被篡改

5．关于入侵检测系统的功能，以下描述错误的是（　　）。

A．捕获流经关键链路的信息流　　B．预防攻击行为

C．发现攻击行为　　D．反制攻击行为

6．（　　）是杂凑方式的入侵检测器最有可能连接的设备。

A．交换机　　B．网关设备

C．防火墙　　D．路由器

7．关于入侵检测系统的杂凑接入方式，以下描述错误的是（　　）。

A．不影响信息流在关键链路的传输过程

B．要求较强的处理能力

C．有着多种捕获信息的方式

D．无法实时阻断入侵信息的传输过程

8．关于入侵检测系统的在线接入方式，以下描述错误的是（　　）。

A．有着多种捕获信息的方式

B．要求较强的处理能力

C．实时阻断入侵信息的传输过程

D．流经关键链路的信息必须经过入侵检测系统

9．（　　）不是安全协议的安全功能。

A．双向身份鉴别　　B．端到端可靠传输

C．数据加密　　D．数据完整性检测

10．关于 HTTPS 中的 TLS 的作用，以下描述错误的是（　　）。

A．由 TLS 完成客户机对 Web 服务器的身份鉴别过程

B．由 TLS 完成客户机与 Web 服务器之间的安全参数协商过程

C．由 TLS 实现客户机与 Web 服务器之间的 HTTP 消息的安全传输过程

D．由 TLS 实现客户机对 Web 服务器的访问过程

11．以下关于 HTTPS 的描述错误的是（　　）。

A．客户机通过 TLS 鉴别服务器身份

B．客户机和服务器通过 TLS 动态约定双方使用的安全参数

C．处理后的 HTTP PDU 作为 TLS 记录协议的净荷

D．记录协议的内容类型字段区分不同的应用层协议

12．关于 VPN，以下描述错误的是（　　）。

A．实现由公用网络分隔的、分配私有 IP 地址的内部网络各个子网之间的通信过程

B．保障内部网络各个子网之间传输信息的保密性

C．保障内部网络各个子网之间传输信息的完整性

D．互联网内部网络各个子网之间只能采用专用点对点物理链路

13．（　　）不是 VPN 需要解决的问题。

A．使用私有 IP 地址的 IP 分组如何经过 Internet 传输的问题

B．如何保证经过 Internet 传输的数据安全的问题

C．如何防止其他网络冒充的内部网络子网的问题

D．如何实现内部网络终端和公用网络终端之间通信的问题

14．（　　）不是目前常见的 VPN 类型。

A．IPSec 第三层隧道　　B．IPSec 第二层隧道

C．PPPoE VPN　　D．SSL VPN

15．IPSec 在 OSI 参考模型的（　　）提供安全性。

A．应用层　　B．传输层

C．网络层　　D．数据链路层

16．关于 IPSec，以下描述错误的是（　　）。

A．IPSec 是网络层实现 IP 分组端到端安全传输的机制

B．AH 实现数据完整性检测

C．ESP 实现数据加密和完整性检测

D．必须由 IKE 动态建立端到端的安全关联

17．关于 IPSec 安全关联，以下描述正确的是（　　）。

A．单向的　　B．双向的

C．无方向的　　D．任意的

18．以下关于 IPSec 的叙述中正确的是（　　）。

A．IPSec 是解决 IP 协议安全问题的一种方案

B．IPSec 不能提供完整性保护

C．IPSec 不能提供保密性保护

D．IPSec 不能提供认证功能

19．IPSec 中的加密是由（　　）完成的。

A．AH

B．ESP

C．不属于 IPv4 中 TCP/IP 协议栈的安全缺陷

D．IKE

20．关于 AH，以下描述正确的是（　　）。

A．可以检测出被篡改封装 IP 分组的 MAC 帧的源 MAC 地址

B．可以检测出被篡改的源 IP 地址

C．可以检测出被篡改的目的 IP 地址

D．可以检测出被篡改的 IP 分组净荷

21．关于 SQL 注入，以下描述正确的是（　　）。

A．SQL 注入攻击是黑客直接对 Web 数据库的攻击

B．SQL 注入攻击除可以让黑客绕过认证外，不会再有其他危害

C．SQL 注入漏洞可以通过加固服务器来实现

D．SQL 注入攻击可以造成整个数据库全部泄露

22．XSS 攻击可以分为 3 类，不包括（　　）

A．反射型攻击　　B．XSRF 型攻击　　C．DOM 型攻击　　D．存储型攻击

23．下列对跨站脚本攻击（XSS）的解释最准确的一项是（　　）。

A．引诱用户单击虚假网络链接的一种攻击方法

B．构造精妙的关系数据库的结构化查询语言对数据库进行非法的访问

C．一种很强大的木马攻击手段

D．将恶意代码嵌入用户浏览的 Web 页面中，从而达到恶意的目的

24．下列对跨站脚本攻击（XSS）的描述正确的是（　　）。

A．XSS 攻击指的是黑客在 Web 页面中插入恶意代码，当用户浏览该页面时，嵌入 Web 里面的代码会被执行，从而达到恶意攻击用户的特殊目的

B．XSS 攻击是 DDoS 攻击的一种变种

C．XSS 攻击就是 CC 攻击

D．XSS 攻击利用被控制的机器不断地向被攻击网站发送访问请求，迫使 IIS 连接数超出限制，当 CPU 资源或带宽资源被耗尽时，网站也就被攻击跨了，从而达到攻击目的

25．关于 Cookie 的说法，错误的是（　　）。

A．Cookie 存储在服务器端

B．Cookie 是服务器产生的

C．Cookie 会威胁用户的隐私

D．Cookie 的作用是跟踪用户的访问和状态

26．以下关于网络钓鱼的说法，不正确的是（　　）。

A．网络钓鱼融合了伪装、欺骗等多种攻击方式
B．网络钓鱼与 Web 服务没有关系
C．典型的网络钓鱼攻击是将用户引诱到一个精心设计的钓鱼网站上
D．网络钓鱼是“社会工程攻击”的一种形式

27．关于钓鱼网站，以下描述错误的是（　　）。
A．黑客构建模仿某个著名的完整假网站
B．假网站的 IP 地址与著名网站的 IP 地址相同
C．正确的域名得到错误的解析结果
D．用户不对访问的网站的身份进行鉴别

28．蠕虫和传统计算机病毒的区别主要体现在（　　）。
A．存在形式　　B．传染机制　　C．传染目标　　D．破坏方式

8.2.3　综合应用题

网络入侵检测系统可以在网络的多个位置进行部署。根据部署位置的不同，入侵检测系统具有不同的工作特点。用户需要根据自己的网络环境及安全需求进行网络部署，以达到预定的网络安全需求，网络部署如图 8-27 所示。

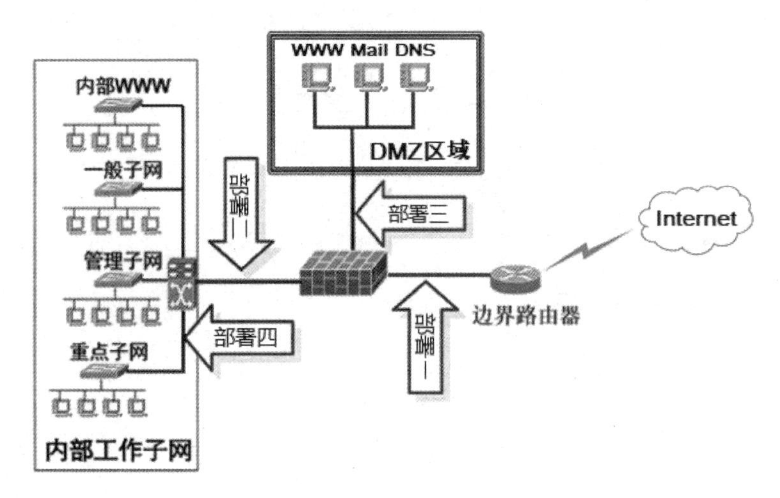

图 8-27　网络部署

请回答下列问题。

1．（　　）位置的入侵检测器可以检测到所有来自外部网络的可能的攻击行为并进行记录。
A．部署一　　B．部署二　　C．部署三　　D．部署四

2．（　　）位置的入侵检测器主要检测内部网络流出和经过防火墙过滤后流入内部网络的网络数据。
A．部署一　　B．部署二　　C．部署三　　D．部署四

3．（　　）位置的入侵检测器可以检测到所有针对用户向外提供服务的服务器进行攻击的行为。
A．部署一　　B．部署二　　C．部署三　　D．部署四

4．（　　）位置的入侵检测器可以检测到来自内部及外部的所有不正常的网络行为，有效地保护关键的网络不会被外部或没有权限的内部用户入侵。

A．部署一　　B．部署二　　C．部署三　　D．部署四

5．关于理想的入侵检测系统，以下描述错误的是（　　）。

A．没有误报

B．没有漏报

C．具有线速检测信息流的能力

D．有着多种捕获信息的方式

6．（　　）不是主机入侵检测系统的反制动作。

A．终止应用进程　　B．拒绝操作请求

C．释放 TCP 连接　　D．全盘扫描

第9章 模拟试题

9.1 模拟试题一

一、判断题（每小题1分，共10分）

1．当发送电子邮件的时候，电子邮件客户端软件和邮件服务器之间传送邮件通常使用POP3协议。（　　）

2．以太网交换机的转发表是通过自学习建立的，即所有连接在交换机上的节点均发送了数据之后，交换机的转发表才建立完整。（　　）

3．202.258.6.3这个IP地址是正确的。（　　）

4．SSL协议是指安全套接层协议。（　　）

5．P2DR模型是美国ISS公司提出的动态网络安全体系的代表模型。（　　）

6．双绞线由两根具有绝缘保护层的铜导线按一定密度互相绞在一起组成，这样不容易被拉断。（　　）

7．密钥管理影响到密码系统的安全，其投入不用考虑经济性原则。（　　）

8．无线局域网的通信标准主要采用IEEE 802.1。（　　）

9．要访问Internet一定要安装TCP/IP。（　　）

10．VPN只能提供身份认证功能，不能提供加密数据的功能。（　　）

二、选择题（每小题2分，共60分）

1．（　　）和诱骗用户登录伪造的著名网站无关。

A．篡改DNS服务器的资源记录

B．伪造DNS服务器

C．配置主机系统的网络信息

D．著名网站的物理安保措施

2．以下有关IPv6的说法，错误的是（　　）。

A．IPv6 的回环地址可以表示为 ::1

B．相比于 IPv4 地址空间，IPv6 具有更大的地址空间

C．IPv6 具有灵活的首部格式

D．IPv6 采用冒号十进制地址表示法，各值之间用冒号分隔

3．关于消息鉴别码，以下描述错误的是（　　）。

A．可以直接通过消息计算得出

B．通过密钥和消息计算得出

C．密钥是发送端和接收端之间的共享密钥

D．黑客无法根据篡改后的消息计算出消息鉴别码

4．动态路由选择和静态路由选择的主要区别是（　　）。

A．动态路由选择需要维护整个网络的拓扑结构信息，而静态路由选择只需要维护部分拓扑结构信息

B．动态路由选择可随网络的通信量或拓扑变化而自适应地调整，而静态路由选择需要手工去调整相关的路由信息

C．动态路由选择简单且开销小，静态路由选择复杂且开销大

D．动态路由选择使用路由表，静态路由选择不使用路由表

5．利用（　　）可以实施 SYN 洪泛攻击。

A．操作系统漏洞　　B．通信协议缺陷

C．缓冲区溢出　　D．用户警惕性不够

6．IEEE 802 局域网标准对应 OSI 参考模型的（　　）。

A．数据链路层和网络层　　B．物理层和数据链路层

C．物理层　　D．数据链路层

7．关于信息安全的地位和作用，以下描述错误的是（　　）。

A．信息安全是网络时代国家生存和民族振兴的根本保障

B．信息安全是信息社会健康发展和信息革命成功的关键因素

C．信息安全是网络时代人类生存和文明发展的基本条件

D．信息安全无法影响人们的工作和生活

8．（　　）不属于网络防火墙的类型。

A．分组过滤器　　B．电路层代理

C．应用层网关　　D．堡垒主机

9．下列关于 UDP 的描述，正确的是（　　）。

A．给出数据的按序投递　　B．不允许多路复用

C．拥有流量控制机制　　D．是无连接的

10．属于散列函数特点的是（　　）。

A．单向性　　B．扩充性

C．可逆性　　D．难计算

11．无线局域网的 MAC 协议进行信道预约的方法是（　　）。

A．发送确认帧　　B．采用二进制指数退避

C．使用多个 MAC 地址　　D．交换 RTS 与 CTS

12．在 DNS 的资源记录中，A 记录表示（　　）。

A．主机名到 IP 地址的映射　　B．授权服务器
C．IP 地址到主机名的映射　　D．指定域名服务器

13．RIP 采用的路由算法是（　　）。
A．路径矢量路由算法　　B．距离矢量路由算法
C．链路状态路由算法　　D．洪泛算法

14．关于网络应用模型的叙述，错误的是（　　）。
A．在 P2P 模型中，节点之间具有对等关系
B．在客户机 / 服务器（C/S）模型中，客户机与客户机之间可以直接通信
C．在 C/S 模型中，主动发起通信的是客户机，被动通信的是服务器
D．在向多用户分发一个文件时，P2P 模型通常比 C/S 模型所需的时间短

15．万维网上每个页面都有一个唯一的地址，这些地址称为（　　）。
A．IP 地址　　B．域名地址
C．统一资源定位符　　D．WWW 地址

16．设有长度为 1km，数据传输速率为 10Mbit/s 的共享以太网，信号的传播速率为 200m/μs，则该共享以太网的最小帧长度为（　　）。
A．1024bit　　B．512bit
C．100bit　　D．1000bit

17．关于 IP 数据报分片基本方法的描述，错误的是（　　）。
A．当 IP 分组长度大于 MTU 时，就必须对其进行分片
B．当 DF=1，分组的长度又超过 MTU 时，则丢弃该分组，不需要向源主机报告
C．分片的 MF 值为 1 表示接收到的分片不是最后一个分片
D．属于同一原始 IP 分组的分片具有相同的标识

18．ARP 的功能是（　　）。
A．根据 IP 地址查询 MAC 地址
B．根据 MAC 地址查询 IP 地址
C．根据域名查询 IP 地址
D．根据 IP 地址查询域名

19．能够唯一确定一个在 Internet 上通信的进程的是（　　）。
A．主机名　　B．IP 地址及 MAC 地址
C．MAC 地址及端口号　　D．IP 地址及端口号

20．在以下功能中，（　　）功能不是综合漏洞扫描包含的。
A．IP 地址扫描　　B．端口号扫描
C．恶意程序扫描　　D．漏洞扫描

21．《中华人民共和国网络安全法》自（　　）起正式施行。
A．2017 年 1 月 1 日　　B．2017 年 10 月 1 日
C．2017 年 9 月 1 日　　D．2017 年 6 月 1 日

22．计算机网络的资源主要包括（　　）。
A．服务器、路由器、通信线路和用户计算机
B．计算机操作系统、数据库和应用软件
C．硬件资源、软件资源和数据资源

D．Web 服务器、数据库服务器与文件服务器

23．关于 SQL 注入攻击，下面的说法正确的是（　　）。

A．是来自外部网络的攻击

B．这种攻击通过电子邮件实现

C．该攻击通过在受害者计算机上执行 SQL 语句，达到窃取秘密的目的

D．这种攻击将 SQL 病毒注入内部网络，引起内部网络崩溃

24．关于 DHCP 技术的描述，错误的是（　　）。

A．DHCP 是一种用于简化主机 IP 地址配置管理的协议

B．在使用 DHCP 时，网络上至少有一台 Windows Server 2003 服务器上安装并配置了 DHCP 服务，其他要使用 DHCP 服务的客户机必须配置 IP 地址

C．DHCP 服务器可以为网络上启用了 DHCP 服务的客户机管理动态 IP 地址分配和其他相关环境配置工作

D．DHCP 降低了重新配置计算机的难度，减少了工作量

25．连接在不同交换机上，属于同一个 VLAN 的数据帧通过（　　）传输。

A．服务器　　　　B．路由器

C．Backbone 链路　　　　D．Trunk 链路

26．在 Windows 操作系统中，若用 ping 命令来测试本机是否安装了 TCP/IP，则正确的命令是（　　）。

A．ping 127.0.0.0　　　　B．ping 127.0.0.1

C．ping 0.0.0.1　　　　D．ping 255.255.255.255

27．数据格式转化及压缩属于 OSI 参考模型中（　　）的功能。

A．应用层　　　　B．表示层

C．会话层　　　　D．传输层

28．关于勒索病毒网络攻击，下列选项表述正确的是（　　）。

A．勒索病毒攻击是一种简单的网络攻击

B．加强内部网络自主操作系统建设是防范勒索病毒的重要途径

C．只要采取了网络隔离技术就可以防止勒索病毒的攻击

D．勒索病毒网络攻击不以金钱为目的

29．安全的加密算法满足以下（　　）条件。

A．无法破译密文

B．破译密文的成本超过密文价值

C．破译密文的时间超过密文有效期

D．破译密文的成本超过密文价值或破译密文的时间超过密文有效期

30．关于入侵检测系统，以下描述错误的是（　　）。

A．入侵检测系统能够检测出没有发作的病毒

B．规则是长期观察信息流变化过程后得出的一些规律性的总结

C．正常访问过程和入侵过程存在差异，但无法严格区分

D．一般的入侵检测系统和杀毒软件一样，需要定时更新攻击特征库

三、网络技术综合应用题（每小题 2 分，共 18 分）

某网络拓扑结构如图 9-1 所示，其中 R1、R2 为路由器，主机 H1 ～主机 H4 的 IP 地址及路由器 R1、R2 的各个接口 IP 地址配置见图 9-1。交换机 S1、S2 是没有 VLAN 功能的二层交换机。

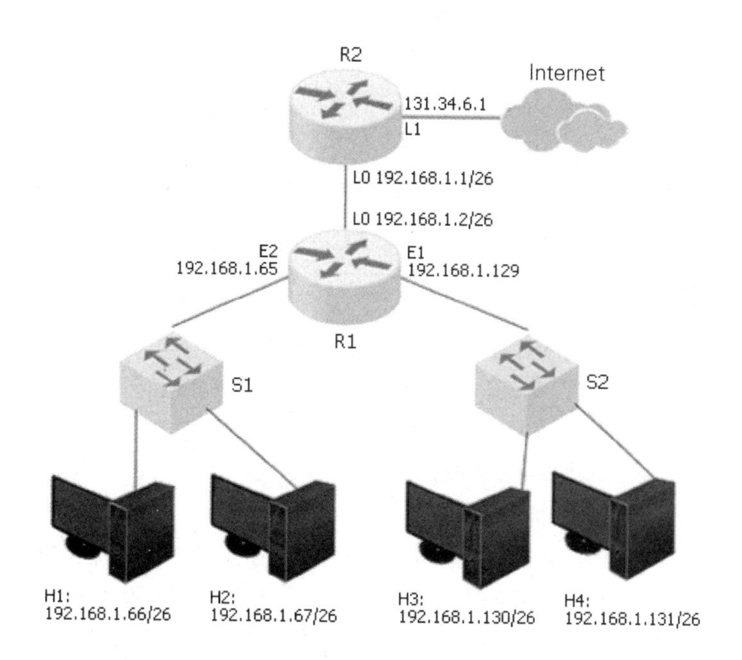

图 9-1　某网络拓扑结构

路由器 R1、R2 的路由表结构如表 9-1 所示。

表 9-1　路由器 R1、R2 的路由表结构

目的网络 IP 地址	子网掩码	下一跳 IP 地址

请回答下列问题。

1．路由器 R2 在接口 L1 上的 IP 地址 131.34.6.1 属于（　　）IP 地址。

A．A 类　　B．B 类　　C．C 类　　D．D 类

2．主机 H1 的默认网关可以配置为（　　）。

A．192.168.1.65　　B．192.168.1.1

C．131.34.6.1　　D．192.168.1.64

3．主机 H3 发送一个 IP 数据报，希望主机 H1 所在网段的所有主机都能接收，则该 IP 报文的目的网络 IP 地址为（　　）。

A．192.168.1.255　　B．192.168.1.127

C．192.168.255.255　　D．255.255.255.255

4．主机 H1 所在的网络又增加了一台主机，想要给它分配 IP 地址，（　　）可以分配给该主机。

A．192.168.1.62　　B．192.168.1.66

C．192.168.1.127　　D．192.168.1.108

5．小明想重新配置路由器 R1 的 E1 接口的 IP 地址，下列地址不适合的是（　　）。

A．192.168.1.128　　B．192.168.1.132

C．192.168.1.133　　D．192.168.1.190

6．路由器 R1 到 Internet 的默认路由是（　　）。

A．131.34.6.0，255.255.255.0，192.168.1.1，L0

B．0.0.0.0，0.0.0.0，192.168.1.1，L0

C．192.168.1.0，255.255.255.0，192.168.1.2，L0

D．0.0.0.0，0.0.0.0，131.34.6.1，L1

7．为确保内部网络主机 H1 ～主机 H4 能够访问 Internet，路由器 R2 需要提供（　　）服务。

A．封装数据报　　B．NAT

C．形成路由表　　D．路由转发

8．下面有关子网掩码 255.255.255.0 的说法，错误的是（　　）。

A．C 类地址对应的子网掩码默认值

B．可能是 B 类地址的子网掩码

C．不可能是 A 类地址的子网掩码

D．路由器寻找网络由前 24 位决定

9．主机 H1 的物理地址为 78-2B-CB-EF-08-4A，主机 H2 的物理地址为 EC-89-F5-16-1A-65，主机 H1 的 ARP 缓存区是空的。现主机 H1 需要向主机 H2 发送一个 IP 报文，主机 H1 发送了一个 ARP 请求报文，该 ARP 请求报文的目的网络 MAC 地址是（　　）。

A．EC-89-F5-16-1A-65

B．00-00-00-00-00-00

C．FF-FF-FF-FF-FF-FF

D．78-2B-CB-EF-08-4A

四、安全技术综合应用题（每小题 2 分，共 12 分）

在某密码体制中，用户 A 向用户 B 发送消息 *M*，为了保证消息的保密性，消息发送与接收过程如图 9-2 所示。

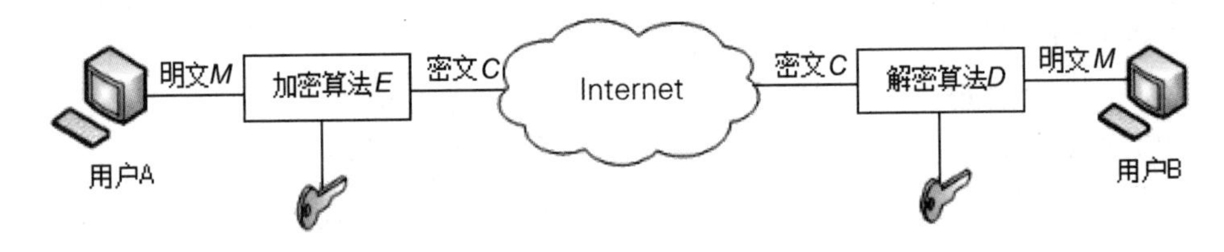

图 9-2　消息发送与接收过程

请回答下列问题。

1．当明文 *M* 较短时，用户 A 与用户 B 在通信过程中采用 RSA 进行加密，用户 A 应该用（　　）加密明文 *M*。

A．用户 A 的公钥　　B．用户 A 的私钥

C．用户 B 的公钥　　D．用户 B 的私钥

2. 为了进一步鉴别发送方的身份、防止发送方否认自己发送消息的问题，图 9-2 中的通信过程应该进一步增加（　　）安全措施。

A. 消息完整性认证　　B. 数字签名

C. 访问控制　　D. 密钥管理

3. 在第 2 题中所增加的安全措施涉及数字证书，在以下信息中，（　　）不包含在数字证书中。

A. 用户身份标识　　B. 用户的公钥

C. 用户的私钥　　D. CA 的数字签名

4. 用户 A 应该用（　　）对消息 *M* 进行签名。

A. 用户 A 的公钥　　B. 用户 A 的私钥

C. 用户 B 的公钥　　D. 用户 B 的私钥

5. 当验证证书时，（　　）不是需要验证的内容。

A. 验证有效性，即证书是否在证书的有效使用期之内

B. 验证有效性，即证书是否已经废除

C. 验证真实性，即证书是否由信任的 CA 签发

D. 验证保密性，即证书是否由 CA 进行了加密

6. 消息在通过网络进行传输的过程中，存在被篡改的风险，为了解决这一安全隐患，通常采用（　　）。

A. 加密技术　　B. 匿名技术

C. 消息认证技术　　D. 数据备份技术

9.2 模拟试题二

一、判断题（每小题 1 分，共 10 分）

1. PDRR 模型不仅包含了安全防护的概念，还包含了主动防御的概念。　（　　）

2. ARP 用于解决同一个局域网上的主机或路由器的 IP 地址和硬件地址的映射问题。　（　　）

3. 禁用 SSID 广播的目的是使构建的无线网络不会出现在其他人所搜索到的可用网络列表中。　（　　）

4. IPv6 比 IPv4 具有更强的功能，但为保持兼容性，报文格式不变。　（　　）

5. 只要计算机不连网，就不会遭受黑客攻击。　（　　）

6. 在无线局域网的组建方式中，接入点方式以星形拓扑为基础，以接入点 AP 为中心。　（　　）

7. 国家对密码实行分类管理。密码分为核心密码、普通密码和商用密码。　（　　）

8. 网络域名地址便于用户记忆，通俗易懂，可以采用英文名称命名，也可以采用中文名称命名。　（　　）

9. 为了提高双绞线的抗电磁干扰的能力，可以在双绞线的外面加上一个用金属丝编织

成的屏蔽层，这就是屏蔽式双绞线。（　　）

10．恶意代码存在的主要原因是主机系统的漏洞，包括操作系统漏洞和应用程序漏洞。（　　）

二、选择题（每小题 2 分，共 60 分）

1．（　　）不属于 PKI 的功能。

A．用证书证明公钥与用户标识信息之间的关联

B．管理证书

C．生成公钥和私钥对

D．分配共享密钥

2．100Base-T 快速以太网使用的导向传输介质是（　　）。

A．双绞线　　B．单模光纤

C．多模光纤　　D．同轴电缆

3．总长度为 3600 字节的 IP 数据报通过 MTU 为 1500 字节的链路传输，如果采用该链路的 IP 分片要求尽可能大，则该数据报需要分成的片数和每个分片的 MF 标志分别为（　　）。

A．3 和 1，1，0　　B．3 和 0，0，1

C．2 和 0，1　　D．2 和 1，0

4．计算机网络可分为广域网、城域网、局域网和个人区域网，其划分的依据是（　　）。

A．网络的作用范围　　B．网络的拓扑结构

C．网络的通信方式　　D．网络的传输介质

5．（　　）不是黑客发现主机系统漏洞的步骤。

A．骗取用户密码

B．通过主机扫描发现在线主机

C．通过端口扫描发现开启的服务

D．通过主动探测获得操作系统类型和版本号

6．（　　）不是数字签名的特性。

A．唯一性　　B．与特定报文关联性

C．可证明性　　D．保密性

7．路由器最主要的功能是分组转发和（　　）。

A．分组的封装和解封装　　B．丢弃分组

C．路由选择　　D．过滤分组

8．（　　）不是主机入侵检测系统的反制动作。

A．终止应用进程　　B．拒绝操作请求

C．释放 TCP 连接　　D．全盘扫描

9．在 Windows 操作系统中，查看 IP 地址的命令是（　　）。

A．winipcfg　　B．ipconfig

C．ipcfg　　D．winipconfig

10．关于防火墙，以下描述错误的是（　　）。

A．不能防范内部网络内的恶意攻击

B．不能防范针对面向连接协议的攻击

C．不能防范病毒和内部驱动的木马

D．不能防范针对防火墙开放端口的攻击

11．在 RIP 协议中，到某个网络的距离值为 16，其意义是（　　）。

A．该网络不可达

B．存在循环路由

C．该网络为直接连接网络

D．到达该网络要经过 15 次转发

12．协议是指在（　　）之间进行通信的规则或约定。

A．同一节点的上下层　　B．不同节点

C．相邻实体　　D．不同节点对等实体

13．使用浏览器访问某公司的 Web 网站主页，不可能使用到的协议是（　　）。

A．PPP　　B．ARP　　C．UDP　　D．IMAP

14．关于非对称密码体制，以下描述错误的是（　　）。

A．基于难解问题设计密钥是非对称密钥设计的主要思想

B．公钥易于实现数字签名

C．公钥的优点在于从根本上克服了对称密钥分发的困难

D．公钥加密算法安全性高，与对称密钥加密算法相比，更加适用于数据加密

15．（　　）不是产生安全协议的原因。

A．截断信息传输路径　　B．嗅探信息

C．篡改信息　　D．冒充 IP 地址

16．在客户机 / 服务器模型中，客户机指的是（　　）。

A．请求方　　B．响应方　　C．硬件　　D．软件

17．某网络的网络地址为 118.18.0.0，子网掩码为 255.255.0.0，则该网络的广播地址是（　　）。

A．118.18.256.256　　B．118.18.255.255

C．118.18.0.0　　D．118.18.1.1

18．关于网桥的描述，错误的是（　　）。

A．网桥可以对数据帧进行过滤

B．网桥可以有效地阻止广播数据

C．网桥传输所有的广播信息，因此难以避免广播风暴

D．与集线器相比，网桥需要处理接收到的数据帧，因此增加了时延

19．（　　）是 VPN 有别于专用网络的地方。

A．使用私有 IP 地址

B．实现数据内部网络子网间的安全传输

C．使用公用网络提供的数据传输通路

D．使用 TCP/IP 协议栈

20．“保证数据的一致性，防止数据被非法用户篡改”指的是（　　）。

A．保密性　　B．完整性　　C．不可否认性　　D．可用性

21．虚拟局域网具有（　　）特点。

A．网段划分和物理位置无关

B．是一种新型的局域网

C．通过对集线器进行配置可以实现

D．以上全部

22．主机甲和主机乙之间已建立一个 TCP 连接，主机甲向主机乙发送了 3 个连续的 TCP 段，分别包含 300 字节、400 字节和 500 字节的有效载荷，第 3 个 TCP 段的序号为 900。若主机乙仅正确收到第 1 个 TCP 段和第 3 个 TCP 段，则主机乙发送给主机甲的确认序号是（　　）。

A．300　　B．1200　　C．1400　　D．500

23．（　　）是指向尽可能多的终端用户批量发送广告邮件的行为。

A．网络钓鱼　　B．暴力攻击

C．垃圾邮件　　D．广告软件

24．直接封装 OSPF 报文的协议是（　　）。

A．UDP　　B．PPP　　C．IP　　D．TCP

25．当电子邮件用户代理向邮件服务器发送邮件时，使用的是（　　）协议。

A．PPP　　B．POP3　　C．SMTP　　D．P2P

26．关于 Diffie-Hellman 密钥交换算法，以下描述错误的是（　　）。

A．用于同步网络中任何两个终端之间的密钥

B．交换的随机数以明文方式传输

C．无法通过截获交换的随机数导出密钥

D．可抵御中间人攻击

27．在网络安全中，拒绝服务（DoS）攻击破坏了信息的（　　）。

A．真实性　　B．可用性　　C．保密性　　D．完整性

28．局域网和广域网的差异主要在于（　　）。

A．所使用的传输介质不同

B．所采用的协议不同

C．所能支持的通信量不同

D．所提供的服务不同

29．关于 TCP 和 UDP 端口的说法，正确的是（　　）。

A．TCP 和 UDP 分别拥有自己的端口号，它们互不干扰，可以共存于同一台主机

B．TCP 和 UDP 分别拥有自己的端口号，但它们不能共存于同一台主机

C．TCP 和 UDP 端口没有本质区别，但它们不能共存于同一台主机

D．当一个 TCP 连接建立时，TCP 和 UDP 端口互不干扰，不能共存于同一台主机

30．当数据从端系统 A 传输到端系统 B 时，不参与数据封装工作的是（　　）。

A．物理层　　B．数据链路层　　C．网络层　　D．传输层

三、网络技术综合应用题（每小题 2 分，共 18 分）

某公司网络拓扑结构如图 9-3 所示。公司内部的用户使用私有地址块 192.168.1.0/24，DHCP 服务器及路由器各接口配置见图 9-3。

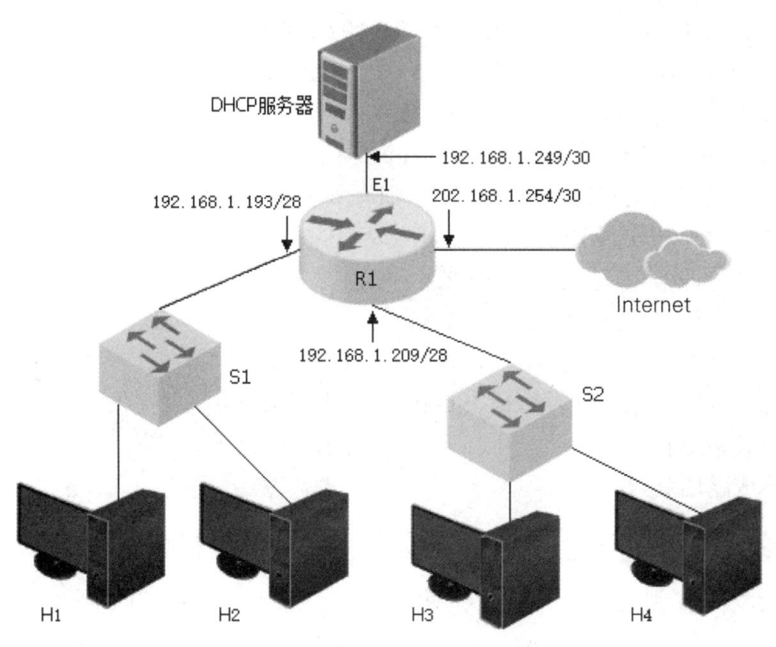

图 9-3　某公司网络拓扑结构

请回答下列问题。

1．地址块 192.168.1.0/24 包含了（　　）个主机地址。

A．256　　B．254　　C．30　　D．14

2．主机 H1 可以选用的有效 IP 地址范围是（　　）。

A．192.168.1.1 ～ 192.168.1.255

B．192.168.1.194 ～ 192.168.1.208

C．192.168.1.194 ～ 192.168.1.206

D．192.168.1.1 ～ 192.168.1.254

3．主机 H1 的默认网关为（　　）。

A．192.168.1.193　　B．192.168.1.254

C．192.168.1.192　　D．202.168.1.254

4．主机 H3 的子网掩码为（　　）。

A．255.255.255.0　　B．255.255.0.0

C．255.255.255.240　　D．255.255.255.255

5．路由器 R1 在 E1 接口的 IP 地址为（　　）。

A．192.168.1.253　　B．192.168.1.252

C．192.168.1.251　　D．192.168.1.250

6．在路由器 R1 中配置到主机 H1 所在局域网访问 DHCP 服务器的命令是（　　）。

A．ip route 192.168.1.249 255.255.255.0 192.168.1.249

B．ip route 192.168.1.249 255.255.255.255 192.168.1.249

C．ip route 0.0.0.0 0.0.0.0 202.168.1.253

D．ip route 255.255.255.255 0.0.0.0 202.168.1.254

7．路由器 R1 访问 Internet 的默认路由命令是（　　）。

A．ip route 192.168.1.249 255.255.255.0 192.168.1.249

B．ip route 192.168.1.249 255.255.255.255 192.168.1.249

C．ip route 0.0.0.0 0.0.0.0 202.168.1.253

D．ip route 255.255.255.255 0.0.0.0 202.168.1.254

8．如果各主机采用动态地址分配方案，则有关主机 H1 的设置中，正确的是（　　）。

A．选择“自动获得 IP 地址”

B．配置本地 IP 地址为 192.168.1.X

C．配置本地 IP 地址为 202.168.1.X

D．在 169.254.X.X 中选取一个不冲突的 IP 地址

9．为确保内部网络主机能够访问 Internet，路由器 R1 还需要提供（　　）服务。

A．封装数据报　　　　B．网络地址转换

C．形成路由表　　　　D．路由转发

四、安全技术综合应用题（每小题 2 分，共 12 分）

图 9-4 所示为一个典型的防火墙部署网络图。

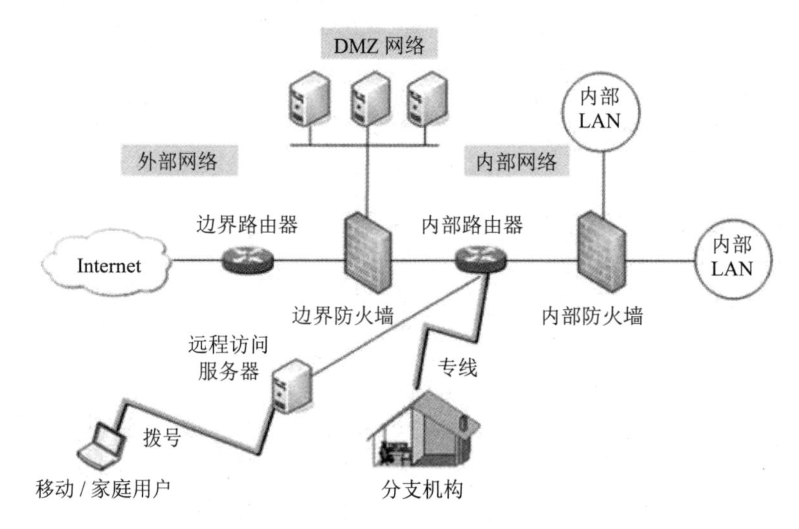

图 9-4　一个典型的防火墙部署网络图

请回答下列问题。

1．防火墙的非可信网络区域是（　　）。

A．内部网络　　B．外部网络　　C．DMZ 网络　　D．内部 LAN

2．用于公众服务的服务器，如 Web 服务器、E-mail 服务器、FTP 服务器等，应放置在（　　）。

A．内部网络　　B．外部网络　　C．DMZ 网络　　D．内部 LAN

3．用于控制来自外部网络对内部网络的访问，防范来自外部网络的非法攻击，同时保证 DMZ 网络服务器的相对安全性的是（　　）。

A．边界防火墙　　　　B．内部防火墙

C．主机防火墙　　　　D．边界路由器

4．处于内部不同可信等级安全域之间，隔离内部网络关键部门、子网或用户的是（　　）。

A．边界防火墙　　B．内部防火墙
C．主机防火墙　　D．内部路由器

5．可以监测主机上进行的入站和出站网络连接，并能够根据预先定义的规则执行基于网络地址和基于应用的访问控制的是（　　）。

A．边界防火墙　　B．内部防火墙
C．主机防火墙　　D．内部路由器

6．防火墙不能防御（　　）。

A．内部攻击　　B．绕过防火墙的攻击
C．不断更新的攻击　　D．都是

9.3 模拟试题三

一、判断题（每小题 1 分，共 10 分）

1．在同一个网络中，一台主机可有多个 IP 地址，多台主机也可同时使用一个 IP 地址。（　　）

2．在用集线器组网的 10Base-T 网络中，冲突是可以避免的。（　　）

3．网络适配器是将计算机与网络连接起来的器件。（　　）

4．NAT 技术可以使采用私有 IP 地址的内部主机访问 Internet。（　　）

5．没有网卡的计算机可以连入 Internet。（　　）

6．破坏性、隐蔽性、传染性是计算机病毒的特征。（　　）

7．消息认证既要对消息的完整性进行验证，又要对消息来源的真实性进行验证。（　　）

8．网络安全运营者应当对其收集的用户信息严格保密，并建立健全用户信息保护制度。（　　）

9．勒索病毒是一种新型计算机病毒，主要以邮件、程序木马、网页挂马的形式进行传播。（　　）

10．OSI 参考模型将计算机网络由低到高分为物理层、数据链路层、网络层、会话层、表示层、传输层、应用层。（　　）

二、选择题（每小题 2 分，共 60 分）

1．关于防火墙，以下描述错误的是（　　）。

A．阻断有害信息从一个网络进入另一个网络
B．阻断有害信息进入终端
C．对网络之间进行的信息交换过程实施控制
D．对网络设备实施物理保护

2. 在 Internet 中，IP 分组的传输需要经过源主机和中间路由器到达目的主机，通常（　　）。

A．源主机和中间路由器都知道 IP 分组到达目的主机需要经过的完整路径
B．源主机和中间路由器都不知道 IP 分组到达目的主机需要经过的完整路径

C．源主机知道 IP 分组到达目的主机需要经过的完整路径，而中间路由器不知道
D．源主机不知道 IP 分组到达目的主机需要经过的完整路径，而中间路由器知道

3．关于网络 IP 协议，正确的说法是（　　）。
A．面向连接的　　B．无连接的
C．使用虚电路的　　D．能够提供可靠传输的

4．ping 命令可以用于网络诊断，测试网络的连通性。ping 命令在网络层是基于（　　）协议实现的。
A．ARP　　B．TCP　　C．UDP　　D．ICMP

5．在以下安全协议中，用来实现安全电子邮件的协议是（　　）。
A．IPSec　　B．L2TP　　C．PGP　　D．PPTP

6．关于 XSS 的说法，以下正确的是（　　）。
A．XSS 全称为 Cascading Style Sheet
B．通过 XSS 无法修改显示的页面内容
C．通过 XSS 有可能取得被攻击客户端的 Cookie
D．XSS 是一种利用客户端漏洞实施的攻击

7．关于 RIP 协议，下列说法正确的是（　　）。
A．邻居之间交换路由表
B．向整个网络发送所有的路由信息
C．使用最短通路算法确定最佳路由
D．需要维护整个网络的拓扑数据库

8．在以下信息中，（　　）不包含在数字证书中。
A．用户身份标识　　B．用户的公钥
C．用户的私钥　　D．CA 的数字签名

9．一台具有 16 个端口的以太网交换机，冲突域和广播域的个数分别是（　　）。
A．1，1　　B．16，16　　C．1，16　　D．16，1

10．Web 浏览器与 Web 服务器之间通信在传输层是基于（　　）协议的。
A．HTTP　　B．TCP　　C．UDP　　D．IP

11．好的加密算法只能采用（　　）方法破译密文。
A．穷举　　B．数学分析
C．明文和密文对照　　D．分析密文规律

12．下面是路由表的 4 个表项，与地址 206.0.71.130 匹配的表项是（　　）。
A．206.0.68.0/22　　B．206.0.68.0/23
C．206.0.70.0/24　　D．206.0.71.128/25

13．（　　）和黑客远程入侵主机系统无关。
A．操作系统漏洞
B．应用程序漏洞
C．黑客和主机系统之间的信息传输路径
D．主机系统的物理安保措施

14．无线局域网标准是（　　）。
A．IEEE 802.3　　B．IEEE 802.11

C．IEEE 802.5　　D．IEEE 802.16

15．SHA 所产生的消息摘要的长度，比 MD5 的长（　　）。

A．32 位　　B．64 位　　C．128 位　　D．16 位

16．关于 SQL 注入攻击的说法错误的是（　　）。

A．它的主要原因是程序对用户的输入缺乏过滤

B．在一般情况下，防火墙对它无法防范

C．对它进行防范要关注操作系统的版本和安全补丁

D．注入成功后可以获取部分权限

17．甲收到一份来自乙的电子订单，在将订单中的货物送达乙时，乙否认自己曾经发送过这份订单，为了消除这种纷争，采用的安全技术是（　　）。

A．数字签名技术　　B．数字证书

C．消息认证码　　D．身份认证技术

18．关于路由算法的描述，错误的是（　　）。

A．静态路由算法有时也称为非自适应算法

B．静态路由算法所使用的路由选择一旦启动就不能修改

C．动态路由算法也称为自适应算法，会根据网络的拓扑变化和流量变化改变路由决策

D．动态路由算法需要实时获得网络的状态

19．关于防火墙的规则，以下描述错误的是（　　）。

A．匹配结果和过滤器中的规则顺序无关

B．根据规则顺序逐项匹配

C．只有和当前规则不匹配时，才和后续规则进行匹配操作

D．过滤器可以由多项规则组成

20．未授权的实体得到了数据的访问权，这样做破坏了（　　）。

A．保密性　　B．完整性　　C．合法性　　D．可用性

21．关于网络入侵，以下描述错误的是（　　）。

A．破坏信息可用性的行为　　B．破坏信息完整性的行为

C．破坏信息保密性的行为　　D．非法闯入

22．在 ARP 的工作过程中，ARP 请求报文是（　　）发送的。

A．单播　　B．多播　　C．广播　　D．任播

23．在一个 TCP 连接中，MSS 为 1KB，当拥塞窗口为 34KB 时，发生了超时事件。如果在接下来的 4 个 RTT 内，报文段传输都是成功的，那么当这些报文段均得到确认后，拥塞窗口的大小是（　　）。

A．9KB　　B．8KB　　C．16KB　　D．17KB

24．最早的计算机网络是（　　）。

A．Internet　　B．ARPANet　　C．以太网　　D．令牌环网

25．关于 TLS，以下描述错误的是（　　）。

A．TLS 是一套安全协议

B．由 TLS 更改加密规范协议完成两端密码协商过程

C．由 TLS 握手协议完成身份鉴别和安全参数协商过程

D．由 TLS 记录协议完成上层协议消息封装过程

26．若一台计算机从 FTP 服务器下载文件，则 FTP 服务器应该通过（　　）端口传输该文件。

A．21　　B．20　　C．22　　D．19

27．一个 HTML 页面的主体内容需要写在（　　）标记内。

A．<body></body>　　B．<head></head>

C．<font></font>　　D．<frame></frame>

28．关于 VPN，以下描述正确的是（　　）。

A．内部网络各个子网分配的网络地址不能相同

B．内部网络各个子网分配的网络地址可以相同

C．某个内部网络子网对其他内部网络子网是透明的

D．某个内部网络子网分配的私有 IP 地址对其他内部网络子网是透明的

29．某工作站无法访问域名为 www.abctest.com 的服务器，此时使用 ping 命令按照该服务器的 IP 地址进行测试，发现响应正常。但是按照服务器域名进行测试，发现超时，此时可能出现的问题是（　　）。

A．线路故障　　B．路由故障

C．域名解析故障　　D．服务器网卡故障

30．RSA 密码所依赖的数学难题是（　　）。

A．离散对数　　B．大整数因式分解

C．SP 网络　　D．双线性映射

三、网络技术综合应用题（每小题 2 分，共 18 分）

某企业的网络结构如图 9-5 所示。路由器 R1 通过接口 E1、接口 E2 分别连接局域网 LAN1 和局域网 LAN2，通过接口 L0 连接路由器 R2，并通过路由器 R2 连接域名服务器和 Internet。路由器 R1 的接口 L0 的 IP 地址为 202.118.2.1；路由器 R2 的接口 L0 的 IP 地址为 202.118.2.2，接口 L1 的 IP 地址为 130.11.120.1，接口 E0 的 IP 地址为 202.118.3.1；域名服务器的 IP 地址为 202.118.3.2。将 IP 地址空间 202.118.1.0/24 划分为两个子网，分别分配给局域网 LAN1 和局域网 LAN2，每个局域网需要分配的 IP 地址数不少于 120 个，其中局域网 LAN1 分配编号较小的网络地址。

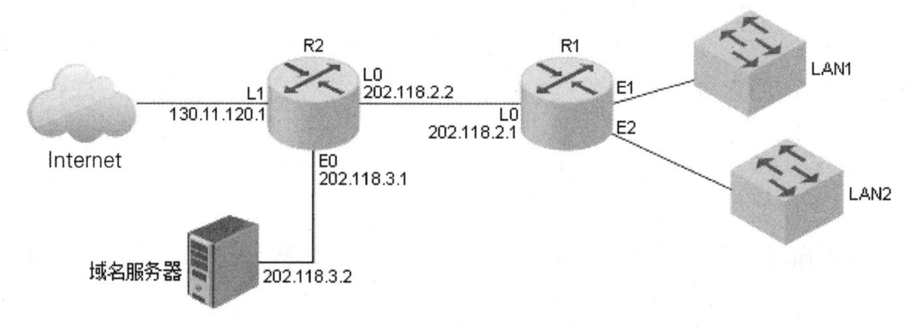

图 9-5　某企业的网络结构

路由器 R1、R2 的路由表结构如表 9-2 所示。

表 9-2 路由器 R1、R2 的路由表结构

目的网络 IP 地址	子网掩码	下一跳 IP 地址	接口

请回答以下有关问题。

1．将 IP 网络划分成子网，这样做的好处是（　　）。

A．增大冲突域　　B．增加主机的数量

C．减小广播域　　D．增加网络的数量

2．局域网 LAN1 分配编号较小的网络地址，则局域网 LAN1 的网络地址是（　　）。

A．202.118.1.0　　B．202.118.1.128

C．202.118.1.64　　D．202.118.1.192

3．局域网 LAN1、局域网 LAN2 的子网掩码分别是（　　）。

A．255.255.255.0，255.255.255.0

B．255.255.255.192，255.255.255.0

C．255.255.255.128，255.255.255.128

D．255.255.255.128，255.255.255.192

4．局域网 LAN1 的一台主机 H1 要访问 Internet，则这台主机的默认网关设置为（　　）。

A．202.118.1.1　　B．202.118.1.255

C．202.118.1.128　　D．202.118.1.193

5．路由器 R1 到域名服务器的路由为（　　）。

A．202.118.3.0，255.255.255.0，202.118.2.2，L0

B．202.118.3.2，255.255.255.0，202.118.3.1，E0

C．202.118.3.2，255.255.255.0，202.118.2.2，L0

D．202.118.3.2，255.255.255.255，202.118.2.2，L0

6．路由器 R1 到 Internet 的路由为（　　）。

A．0.0.0.0，0.0.0.0，202.118.2.2，L0

B．130.11.120.1，255.255.255.0，202.118.2.2，L1

C．0.0.0.0，0.0.0.0，202.118.2.1，L0

D．130.11.120.0，255.255.255.0，202.118.2.1，L0

7．域名服务器 202.118.3.2 是（　　）IP 地址。

A．A 类　　B．B 类　　C．C 类　　D．D 类

8．若路由器 R2 收到目的网络 IP 地址为 202.118.1.193 的 IP 报文，则该报文应被转发到（　　）。

A．202.118.2.1　　B．接口 E1　　C．接口 E2　　D．默认路由

9．请采用路由聚合技术，给出路由器 R2 到局域网 LAN1 和局域网 LAN2 的路由。（　　）

A．202.118.0.0，255.255.0.0，202.118.2.1，L0

B．202.118.1.0，255.255.255.0，202.118.2.1，L0

C．0.0.0.0，0.0.0.0，202.118.2.1，L0

D．202.118.1.0，255.255.255.0，202.118.2.2，L0

四、安全技术综合应用题（每小题 2 分，共 12 分）

通常将传统防火墙和入侵检测设备联动部署，一起保护企业网络的安全，企业 A 的网络拓扑如图 9-6 所示，企业 B 的网络拓扑如图 9-7 所示。

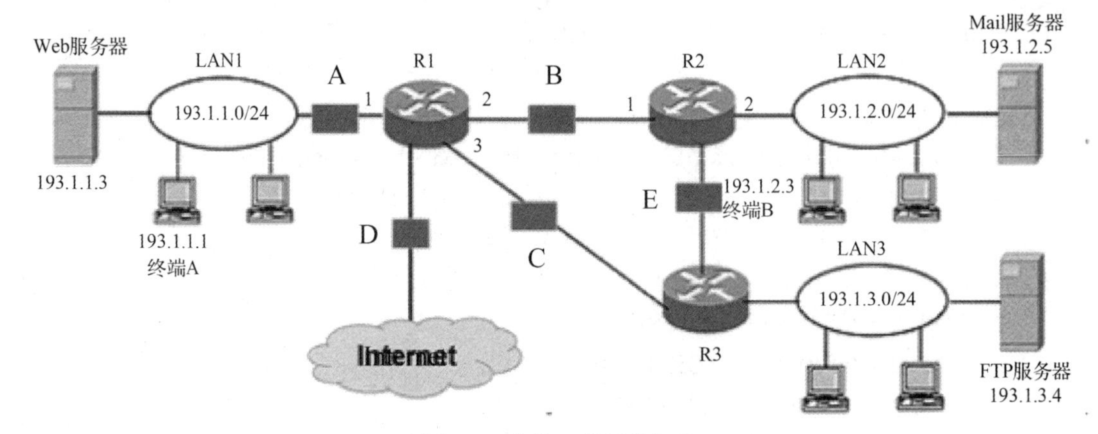

图 9-6　企业 A 的网络拓扑

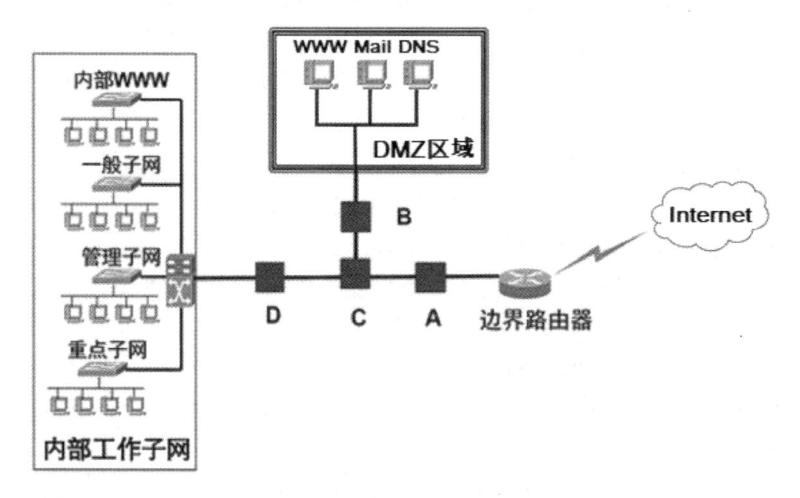

图 9-7　企业 B 的网络拓扑

请回答下列问题。

1．在图 9-6 中，如果为入侵检测设备设计的功能是只检测 LAN1 和 LAN2 之间是否发生网络攻击，则将入侵检测设备部署在（　　）位置。

A．A　　B．B　　C．C　　D．D

2．在图 9-6 中，如果将防火墙设备部署到 D 位置，则能检测（　　）。

A．来自 LAN1 的网络攻击　　B．来自 LAN2 的网络攻击

C．来自 LAN3 的网络攻击　　D．来自 Internet 的网络攻击

3．在图 9-7 中，如果为防火墙设计的功能是保护企业内部所有网络与外部网络的通信安全，同时监管内部工作子网与 DMZ 区域的通信情况，则将防火墙设备部署在（　　）位置。

A．A　　B．B　　C．C　　D．D

4．在图 9-7 中，如果为入侵检测设备设计的功能是检测 DMZ 区域是否遭受网络攻击，

则将入侵检测设备部署在（　　）位置。

A．A　　　　B．B　　　　C．C　　　　D．D

5．在图 9-7 中，如果为入侵检测设备设计的功能是检测所有来自外部网络的可能的攻击行为并进行记录，则将入侵检测设备部署在（　　）位置。

A．A　　　　B．B　　　　C．C　　　　D．D

6．以下关于防火墙和入侵检测系统的描述，正确的是（　　）。

A．防火墙是入侵检测系统之后的又一道防线，防火墙可以及时发现入侵检测系统没有发现的入侵行为

B．入侵检测系统可以允许内部的一些主机被外部访问，而防火墙没有这些功能，只是监视和分析系统的活动

C．入侵检测系统通常是一个旁路监听设备，没有也不需要跨接在任何链路上，无须网络流量流经便可以工作

D．防火墙必须和安全审计系统联合使用才能达到应用目的，而入侵检测系统是一个独立的系统，不需要依赖防火墙和安全审计系统

第 1 章

1.2.1 判断题

1. √	2. ×	3. ×							

1.2.2 选择题

1. B	2. A	3. D	4. B	5. C	6. C	7. A	8. B	9. C	

第 2 章

2.2.1 判断题

1. ×	2. ×	3. ×	4. √	5. ×	6. ×	7. √	8. √		

2.2.2 选择题

1. C	2. C	3. A	4. C	5. D	6. D	7. A	8. A	9. C	10. C
11. B	12. A	13. C	14. C						

第 3 章

3.2.1 判断题

1. √	2. √	3. ×	4. √	5. ×	6. ×	7. ×	8. ×	9. √	10. ×
11. √									

3.2.2 选择题

1. D	2. C	3. D	4. C	5. A	6. C	7. A	8. C	9. A	10. A

11. C	12. A	13. D	14. D	15. B	16. A	17. A	18. D	19. B	20. B
21. D	22. A	23. A	24. C	25. A	26. A	27. A	28. C	29. A	30. A

3.2.3 综合应用题

一、综合应用题1

1. C	2. A	3. B	4. D	5. D	6. B	7. D	8. C	9. A	

二、综合应用题2

1. B	2. A	3. A	4. D	5. C	6. B	7. C	8. C	9. A	

三、综合应用题3

1. B	2. D	3. A	4. A	5. C	6. C	7. A	8. B	9. D	

第4章

4.2.1 判断题

1. √	2. ×	3. √	4. ×	5. √	6. ×	7. √			

4.2.2 选择题

1. D	2. A	3. A	4. B	5. B	6. D	7. A	8. A	9. C	10. A

第5章

5.2.1 判断题

1. ×	2. √	3. √	4. √	5. √	6. √	7. √			

5.2.2 选择题

1. B	2. D	3. C	4. B	5. C	6. C	7. D	8. C		

第6章

6.2.1 判断题

1. ×	2. √	3. ×	4. √	5. √	6. ×	7. √	8. √		

6.2.2 选择题

1. D	2. D	3. D	4. C	5. D	6. B	7. C	8. A	9. A	10. D
11. C	12. C	13. B	14. D	15. B	16. D	17. A	18. B	19. B	20. A

21. D	22. C	23. D	24. A	25. D	26. D				

6.2.3 综合应用题

一、综合应用题 1

1. B	2. D	3. B	4. C	5. B	6. C				

二、综合应用题 2

1. D	2. A	3. D	4. C	5. A	6. C				

第 7 章

7.2.1 判断题

1. ×	2. √	3. ×	4. ×	5. √	6. √				

7.2.2 选择题

1. A	2. A	3. A	4. A	5. C	6. C	7. A	8. D	9. A	10. D
11. D	12. D	13. D	14. D	15. B	16. D	17. D	18. D	19. B	

第 8 章

8.2.1 判断题

1. √	2. √	3. √	4. √	5. ×	6. √	7. ×	8. √	9. √	10. √
11. √									

8.2.2 选择题

1. C	2. D	3. A	4. D	5. B	6. A	7. B	8. A	9. B	10. D
11. D	12. D	13. D	14. B	15. C	16. D	17. A	18. A	19. B	20. A
21. D	22. B	23. D	24. A	25. A	26. B	27. B	28. B		

8.2.3 综合应用题

1. A	2. B	3. C	4. D	5. D	6. D				

第 9 章

9.1 模拟试题一

一、判断题

1. ×	2. √	3. ×	4. √	5. √	6. ×	7. ×	8. ×	9. √	10. ×

二、选择题

1. D	2. D	3. A	4. B	5. B	6. B	7. D	8. D	9. D	10. A
11. D	12. A	13. B	14. B	15. C	16. C	17. B	18. A	19. D	20. C
21. D	22. C	23. C	24. B	25. D	26. B	27. B	28. B	29. D	30. A

三、网络技术综合应用题

1. B	2. A	3. B	4. D	5. A	6. B	7. B	8. D	9. C	

四、安全技术综合应用题

1. C	2. B	3. C	4. B	5. D	6. C				

9.2 模拟试题二

一、判断题

1. √	2. √	3. √	4. ×	5. ×	6. √	7. √	8. ×	9. √	10. √

二、选择题

1. D	2. A	3. A	4. A	5. A	6. D	7. C	8. D	9. B	10. B
11. A	12. D	13. D	14. D	15. A	16. A	17. B	18. B	19. C	20. B
21. A	22. D	23. C	24. C	25. C	26. D	27. B	28. B	29. A	30. A

三、网络技术综合应用题

1. B	2. C	3. A	4. C	5. D	6. B	7. C	8. A	9. B	

四、安全技术综合应用题

1. B	2. C	3. A	4. B	5. C	6. D				

9.3 模拟试题三

一、判断题

1. ×	2. ×	3. √	4. √	5. ×	6. √	7. √	8. √	9. √	10. ×

二、选择题

1. D	2. B	3. B	4. D	5. C	6. C	7. A	8. C	9. D	10. B
11. A	12. D	13. D	14. B	15. A	16. C	17. A	18. B	19. A	20. A
21. D	22. C	23. C	24. B	25. A	26. B	27. A	28. A	29. C	30. B

三、网络技术综合应用题

1. C	2. A	3. C	4. A	5. D	6. A	7. C	8. A	9. B	

四、安全技术综合应用题

1. A	2. D	3. C	4. B	5. A	6. C				

附录 B

浙江省高校计算机三级（网络及安全技术）考试大纲

【考试目标】

学生通过计算机网络及安全技术的学习和实践，掌握计算机网络的基本知识、基本原理、常用协议、基本的管理配置及实践操作方法，掌握网络安全的基本原理和应用技术，具备分析和解决网络工程问题的能力，具有基本的网络信息安全管理与实践应用能力。

【基本要求】

1．掌握计算机网络基础知识。

2．掌握局域网的基本工作原理及组网技术。

3．熟练掌握互联网 TCP/IP 体系及各层典型网络协议。

4．基本掌握常见的互联网应用协议与服务。

5．掌握常用网络服务的应用与配置，掌握网络安全、系统安全和应用安全的基本知识和实践技能。

6．掌握计算机网络信息安全的基本理论与方法及常用的安全防护技术。

7．理解物联网、云计算、5G 网络、区块链等网络新技术。

【考试内容】

一、计算机网络体系结构

1．计算机网络的产生和发展。

2．计算机网络基本概念：计算机网络的定义、分类，计算机网络的主要功能及应用。

3．计算机网络的组成：网络边缘部分和网络核心部分、网络的传输介质、分组交换技术。

4. 网络体系结构与网络协议：网络体系结构、网络协议、OSI 参考模型、TCP/IP 网络模型。

二、网络信息安全概况

1．信息安全基础

（1）信息安全基本属性。

保密性、完整性、可用性、可控性、不可否认性。

（2）信息安全基本模型。

信息保障模型 PDR 与 P2DR、信息安全保障技术框架 IATF、信息技术安全评估 CC 准则、信息系统安全等级保护模型。

（3）信息安全基本法规。

国外法规，国内的网络安全法、密码法、网络安全等级保护制度。

2．密码应用基础

（1）密码算法。

古典密码、现代密码；加密模式、分组密码、流加密；公钥密码、散列函数、数字信封。

（2）密码分析。

古典密码破译、中间相遇攻击、中间人攻击、唯密文攻击、已知明文攻击、已知密文攻击、选择明文攻击、选择密文攻击。

（3）密码应用。

数字签名、访问控制与授权、身份认证。

（4）密钥管理。

对称密钥管理、非对称密钥管理（PKI）。

（5）密码协议概述 。

3．网络安全技术

实体硬件安全、软件系统安全、网络安全防护和反病毒技术研究（入侵检测、防火墙、审计、恢复等）、数据信息安全、安全产品。

三、局域网技术及安全

1．局域网基本概念

局域网的定义、特点，局域网的分类与标准。

2．以太网组网技术

共享以太网：载波侦听多路访问 / 冲突检测、以太网帧格式、集线器组网。

交换局域网：交换机组网。

虚拟局域网：虚拟局域网的定义、特点及配置。

3．无线局域网技术

无线局域网组成、载波侦听多路访问 / 冲突避免、Wi-Fi。

无线个人区域网：蓝牙、ZigBee、超宽带 UWB。

4．局域网安全

Sniffer 抓包分析、ARP 攻击、Wi-Fi 密码破解、Wi-Fi 劫持。

四、互联网协议及安全

1．Internet 的构成

Internet 组成、Internet 基本服务及工作原理。

2. IP 协议

IP 协议概述、IP 服务、IP 地址、子网掩码、IP 报文、差错与差错控制报文。

3. 路由与路由选择

路由表、路由转发、静态路由选择、动态路由选择（包括 RIP 路由协议、OSPF 路由协议）、广播路由、多播路由。

4. IPv6 协议

IPv6 组成结构、IPv6 地址类型、IPv6 协议、IPv6/IPv4 双协议栈技术、隧道技术。

5. NAT 地址解析协议

NAT 概念、NAT 实现方式、NAT 工作原理、NAT 配置方式。

6. TCP 协议与 UDP 协议

端对端通信、TCP 协议、UDP 协议。

7. 网络协议安全攻击

ARP 欺骗、IP 泪珠攻击、TCP 会话劫持、SYN 洪泛攻击、UDP 洪泛攻击、DoS 拒绝服务攻击和 DDoS 分布式拒绝服务攻击。

8. 安全协议

IPSec 协议、SSL 协议。

五、互联网应用及安全

1. 应用进程通信模型

C/S 模型概念与结构、P2P 模型概念与结构、其他应用进程通信模型。

2. 域名系统

DNS 协议概述、层次域名空间、域名服务器、域名解析过程。

3. 远程登录服务

Telnet 协议概述、远程登录服务过程、Telnet 传输格式。

4. 电子邮件服务

电子邮件格式，电子邮件服务协议包括 SMTP、POP3、IMAP。

5. Web 服务

Web 服务概述、HTTP 协议、HTTP 协议基本格式。

6. DHCP 服务

DHCP 协议概述、DHCP 协议功能、DHCP 协议工作原理。

7. 应用安全

电子邮件安全协议、DNS 域名服务安全、安全远程登录服务 SSH、HTTPS 安全连接、Web 应用安全（网络钓鱼、SQL 注入、XSS 攻击等）。

六、网络系统管理及安全

1. 网络操作系统及安全

（1）Windows 服务器。

用户与组、活动目录、中断服务、网络管理配置、系统管理配置、系统备份、防火墙。

（2）Linux 服务器。

网络安全配置、用户管理配置、文件与目录安全、日志安全、权限控制和行为审计。

（3）数据库安全。

用户密码配置、主机安全配置、网络访问安全配置。

2．网络配置及安全管理

网络服务器基本配置、网络服务器安全配置、Web 服务安全配置、DNS 服务安全配置和服务器安全测试。

3．网络管理协议及安全防护

网络管理基本协议 SNMP、CMIP，网络管理协议工作原理，网络管理工具及应用基础，网络安全防护管理，分布式网络管理。

七、安全防护技术

1．防火墙

防火墙工作原理、防火墙的分类、防火墙安全策略。

2．入侵检测

入侵检测工作原理、入侵检测策略配置、入侵检测方法（异常检测、误用检测）。

3．恶意代码检测

软件逆向（静态分析、动态分析）、基于特征的扫描检测、沙箱检测。

4．安全漏洞扫描

主机扫描技术、端口扫描技术、服务及系统识别技术。

5．网络渗透测试

主机侦察、数据库攻击、Web Shell。

6．VPN 技术

VPN 概念、VPN 常用技术（MPLS VPN、SSL VPN、IPSec VPN、PPTP）、VPN 应用（拨号 VPN、内联网 VPN、外联网 VPN）。

7．其他安全技术

蜜罐系统、网络备份、匿名网络。

八、网络新技术及安全挑战

物联网、云计算、大数据、人工智能、区块链、5G+ 工业互联网、软件定义网络 SDN、软件定义安全 SDS。

举报电话：（010）88254396；（010）88258888

传　　真：（010）88254397

E-mail：dbqq@phei.com.cn

通信地址：北京市万寿路 173 信箱

电子工业出版社总编办公室

邮　　编：100036